資金300万円で

AGRICULTURE FINANCIAL INDEPENDENCE, RETIRE EARLY

農FIRE

水上篤
Atsushi Mizukami

かんき出版

あなたの目的が
お金の不安なく
自由にストレスなく生きることなら……。

ＦＩＲＥとは、
若いうちに資産を作ってリタイアし、
あとは資産運用をしながら悠々自適に暮らすことです。

本書を手に取ったあなたも
早期リタイアしたいと考えているのかもしれません。

しかし、あなたが本当にしたいことが、

好きなことだけをして生きていく、
人から仕事を押しつけられない、
好きな人とだけ付き合う、
お金に不自由しない、
将来の不安から免れる、
自然に囲まれた心地よい場所で暮らす、
おいしく安全な食べ物を確保する、
健康で長生きする、
その上で人の役にも立てれば——といったことなら、

本書はそのお手伝いをできると確信します。

「農ＦＩＲＥ」とは、

資産運用だけで暮らす生き方ではなく、
「農業」を起点にして
衣食住エネルギーを自分で生み出し、
お金では買うことのできない土地の恵み、
人々とのつながりなど
たくさんの豊かさを享受できる状態。

はじめに

▼仕事は生き甲斐だが、辞めても困らない

私は農業と大学の講師をしています。つまり完全リタイアではないのですが、一日の平均的な実働時間は3時間ぐらいです。大学が夏休みなので、今年の8月の実働日数は4日間でした。年間にするとだいたい45日間程度になります。

9月はぶどうの収穫があるから忙しくなります。ですが、農繁期に人を雇うだけのお金は十分あります。農業が好きだから自分でも農作業をしているのです。

大学講師も同じです。伝えたいことがあるから、またいろいろ実験したいことがあるか

大学で講義を行う様子

らやらせてもらっています。

どちらも今すぐ辞めてしまっても生活には困りません。ただ仕事をしていないと生き甲斐を感じないし、また今の仕事にまったくストレスがないので続けているのです。

仕事とは私の中で「世界観や価値を作ることです」。お金を稼いで食べていくことも大切ですが、それだけではありません。

▼そもそも「農FIRE」とは？

だから「農FIRE」は、「FIRE」と言いつつ、資産運用だけで暮らす生き方ではありません。

「自分の人生は、自分で創り出し自分で支えるものであり、それが一番幸せなこと。たくさんお金を稼いで、人から羨ましがられるような生活をすることは実は幸せではない」という考えに基づいた生き方が農FIREなのです。

農FIREが目指すのは、衣食住エネルギーを自分で生み出し、お金では買うことのできない土地の恵み、人々とのつながりなどたくさんの豊かさを享受できる状態です。

そうなれば、常に移ろいゆく世の中の価値観、お金、政治、他者の都合などから受ける影響が最小になり、それらに右往左往する人生から解放されることになります。

現在のデジタル社会を生き抜くためには多くのＩＴリテラシー等が必要となります。しかし、それと同じぐらい自然とも触れ合うことで、心の安らぎや安定を得ることができます。さらに農業は食料を作り出すことですから、生きていく上での究極のリスクヘッジになり得ます。

食べ物、エネルギー、建物を自分の両手で生み出すことができれば、人間は生きていけるのです。それが生きていくトでの絶対的な安心感につながる。そんな安心感をぜひ多くの方に感じてほしいと思っています。

今の日本は、土地や空き家があり余っており、様々な事業における後継者が足りません。そんな日本で、本当の豊かさを知っていて、それを他の人と分かち合うことのできる賢く自立した仲間を増やしていきたい。

そして幸せに生きている仲間たちがさらにつながり合い、助け合い、日本を、そして世界を幸せなものにしていく――それが私の考える農ＦＩＲＥなのです。

▼人間関係のストレスはなく、老後も困らない

人間関係については、一緒に仕事をしたくない人との仕事はすべてお断りできますし、実際にそうしています。その一方、地方で農業をやりながら悠々自適の人生を送りたいという仲間が今どんどん増えており、そのような志を同じくする仲間との協業も増えています。DIYが大好きで、多くの生活用品や道具を自作しています。自分で食べるものの多くも自給しています。自宅もタダ同然の民家を買って自分で修理したものですし、自給自足に近い生活なので支出も少なくて済みます。贅沢にお金を使うのは、趣味と実益を兼ねた電動工具ぐらいです。

結果としてお金は貯まる一方で、それで資産運用もしていますから、さらに増えています。少なくともお金の面での不安はありません。普段から体に良いものを食べて、ストレスなく暮らしていますので、たぶん健康で長生きできることでしょう。万が一健康を維持できなくなったり、認知症になったりしても、残りの人生を介護老人施設で暮らせるだけの資金は十分にあります。

▼それなりに稼いでいたが、まったく幸せではなかった

しかし以前の私は、ストレスに満ちた生活を送っていました。

大学時代の私は、世界中を旅するのが趣味でした。建築を学んでいたこともあり、世界中の建築物をこの目で見て回るのが目的だったのです。大学を卒業した後は、シーラカンスアンドアソシエイツに入社しました。東京大学大学院博士課程在学中のメンバーが中心となって起業したユニークな会社です。そこで様々なことを学びましたが、世界レベルの建築家を目指していた私は、2005年、ニューヨークのラファエル・ヴィニオリ建築事務所に転職しました。世界中に事務所や支店を持つ建築事務所で、スタッフはみな高給取りでした。その傍ら自分の会社も経営していたので、その報酬を合わせるとかなりの額を稼いでいました。

しかし当時の私はまったく幸せではありませんでした。せっかく稼いだお金も使う時間がなく、仕事のプレッシャーを抱えながら、ただ自宅と職場を往復するだけの日々でした。睡眠時間は毎日数時間。**お金があれば好きな暮らしができると単純に思い込んでいたので**

すが、それは大きな勘違いでした。

▼リトリート施設で自分を見つめ直す

転機が訪れたのは、リトリート施設を訪れたときでした。リトリートを日本語に訳すと「隠居所、隠れ家、避難所」などとなりますが、アメリカの富裕層の間では「週末を地方で豊かに過ごすスタイル」を意味する言葉です。

そこで私は「なぜアメリカに来たのか?」と問われました。「建築を通して自己実現できると考えて、アメリカに来たのです」「そうか。だがアメリカまで来なくても、日本にはすばらしいものがたくさんあるのに」と言う彼が、振る舞ってくれたのが日本の精進料理だったのです。私は、「アメリカに来てまで、日本の良さをアメリカ人に教えてもらう自分はいったい何なんだ?」と少し打ちのめされた気分になりました。

そして考えたのです。「私の生まれ育った国は日本だし、私の先祖も代々何百年も生まれ故郷で農業をやって生活してきた。自分に『オリジナル』があるのなら、それは生まれ故郷での農業ではないのか?」と。

▼生まれ故郷でも可能だった自己実現

初めて購入した耕作放棄の畑

そんなことを考え始めた私に追い打ちをかけたのは、2008年のリーマンショックでした。お金の価値は否定しませんが、お金だけに囚われていると恐ろしいことになると実感したのです。

結局私は2009年に、大好きな富士山を見ることができる、生まれ故郷の山梨県に帰ってきたのでした。

日本に帰ってきた当初は、生まれ故郷近辺の耕作放棄地などを少しずつ買い、徐々に畑を作るところから始めました。そして同時にいろいろな農作物を作りました。

また、日本の各地のこの人は、という農家をまわり、多くのことを学び、2010年より無農薬農業を教える学校を開設しました。

同じ年の２０１０年には私が代表を務める農業生産法人　株式会社ｈｏｔｏｔｏを設立しました。また２０１２年から他社と組んで保健農園ホテル「フフ」という日本版リトリート施設を立ち上げました。

©Toru Hiraiwa

©Toru Hiraiwa

©Toru Hiraiwa

農業生産法人　株式会社 hototo
農場スタッフ

保健農園ホテル「フフ」

その後、２０１５年には完熟屋本店（飲食店）や食品加工場、子どもの造形教室なども設立していきました。その傍ら、フィリピンでは「リタイアしたら一番住みたい場所」として有名なネグロス島で、月の半分を暮らすという生活をずっと続けてきました。

私は「自己実現」しようと東京で職を得、さらにアメリカにも渡りました。その経験はもちろん生きていますが、結局自己実現できたのは、生まれ故郷で「農ＦＩＲＥ」に取り組んでからでした。『青い鳥』の物語のようなことが現実に起こったわけです。

▼自分の身は自分で守る時代になった

今の日本、そして世界は、「怖いから動き出さない」ではもはや乗り切れないような状況になってきました。２０２３年になり、コロナ禍は多少落ち着いてきたようですが、ウクライナ紛争は終わりが見えず、世界は不安定な状態が続いています。一方で急激な円安が続いていて、海外製品や資材がどんどん高くなっています。国産品なら手が届くかと言えば、気候変動で日本の海域で魚が捕れなくなり、庶民の魚だったはずのサンマの初卸値が国産最高級牛肉並みに高いといったことがここ数年続いています。自然災害は年々激甚化しており、１カ月分の雨が一晩で降り注ぐようなことが日常茶飯事になっています。

これらのことはおそらく一時的なものではなく、今後も続くでしょう。治安や安全保障など国家でないと実現できないことは多々ありますが、それ以外については自分の身は自分で守ることを考えないといけない時代が到来したのではないでしょうか。

▼農業は本来コストがかからないし、今では手間もかからなくなった

「いや、でも、農作業は大変だし、収穫も気候に左右されるし……」と思うかもしれません。

しかしそもそもなぜ農業によって人口が増え、文明が生まれたかと言えば、農業は水・光・土・糞（肥料）があればできるものだったからです。つまりほぼゼロから富を生み出せることが農業の強みなのです。

最近では水耕栽培や垂直農業という手法が出てきました。これらは建物の中で行うのが主流で、炎天下の中で農薬散布したり、草刈りをしたりする必要がありません。これにＩｏＴやＡＩといった最新技術を組み合わせることで、人手もほとんど要らなくなります。

ただいきなり水耕栽培や垂直農業を始めようとすると、それなりの設備投資が必要になります。お勧めは、「農ＦＩＲＥ」の初期段階では従来通り畑で作物を作ることです。手間をかけずに作れて、安定した収穫が得られる作物を作り、それらで稼ぐ方法はいくらでもあるのです。

前述したように、日本の地方では土地や家が余りまくっています。タダ同然で買える物件がたくさんあります。そして農業の後継者がいません。そのような状況は憂うべきことではありますが、農業を始めたい人にとっては大きなチャンスが広がっていると言えるでしょう。

▼もし孤独になることが不安なら

いくら生活の不安がなくなったとしても、自由でストレスがないとしても、独りぼっちでは寂しいし、つまらないものです。農業やそれをベースとした事業は、一人ではできません。家族や仲間の協力が必要です。従来の農業であれば、協力を求めるのはちょっとハードルが高かったかもしれません。しかし、農ＦＩＲＥは自由でストレスがなく、参加するみんなが楽しめるものです。あなたが将来孤独になることが不安だとしたら、農ＦＩＲＥをすることによって孤独でなくなる可能性が高まります。

本書を読んで、一人でも多くの方が、「自分の人生は最高だったなあ！　本当に楽しかった」と笑顔で振り返れることが私の一番の願いです。後悔のない人生を送るためのノウハウを本書に詰め込みました。あなたにとって本書が転機になれば最高です。

資金300万円で
農FIRE

Contents

第1章　ニューヨークで学んだ「人生の豊かさ」……37

第2章 農FIREとは何か？

第3章 農FIREはじめの一歩……81

第4章 農FIRE成功への8ステップ……103

おわりに……207

謝辞……220

本書は投資の参考になる情報を目的としております。投資にあたっての意思決定、最終決定はご自身の責任でお願いいします。本書掲載の情報に従ったことによる損害については、いかなる場合も著者および発行元はその責任を負いません。

カバーデザイン　井上新八
本文デザイン・DTP　佐藤千恵
編集協力　森川ミユキ
素材提供：Shutterstock.com/sokolfly

◉本文を読む前に早いと思われる方もいるかもしれませんが、ここで本書の原稿を発売前に読んでいただいた方からの質問に私が答えていますので、ご紹介いたします。

「農FIRE」Q&A

Q1 元手が300万円必要ということですが、ずっとカツカツの生活を続けてきたので、現在貯金がほとんどありません。そんな私でも農FIREは可能でしょうか。元手を貯めるためには何をしたらいいでしょうか。

A. 元手を貯めてから行動しようとすると、いつまで経っても行動に移すことができません。まずは旅行感覚で地方に行ったり、自分のやりたいことが書かれた本などを読んで少しずつ行動に移しましょう！

お金は増やすよりまずは支出を抑えたほうが自分でもコントロールしやすいです。収入が現在の会社で低いのであれば、迷わず転職しましょう！　きっと同じ仕事でも給料が今より高く、そしていい条件の会社があるはずです。まずは探してみましょう！

行動が一番重要です。あまり深く考えると行動できなくなります。今は労働者有利の時代です。労働力不足で会社はどこでも人が必要なのですから収入がそもそも少ないのであれば、恐れず転職を考えましょう！

❖ ❖ ❖

Q2

拠点を決める前に１年ほど情報収集のために候補地に住めとのことですが、私には現実的とは思えません。みなさん本当にそのようなことをしているのでしょうか。また実現するための考え方や方法はあるのでしょうか。

A.

もちろん経済的なこともあると思うので、二カ所居住するといったことが金銭的に難しい状況であるならば、まずは旅行で見に行くということでもいいと思います。

自分が現実的に考えられる範囲から行動することをおすすめします。もしくは、週末、地方の農業体験などに参加するようなことでもいいと思います。今の現実を変化させるためには、まずは一歩でも前に踏み出すことをおすすめします。行動が徐々に増えてくれば、いろいろなことが現実味を帯びてきます。

❖ ❖ ❖

Q3 コミュニティ作りが大事とのことですが、人付き合いが苦手で、また人望もないので自分には無理だと思います。どうすればいいでしょうか。

A. コミュニティ作りをすると比較的いろいろな人に助けてもらえて物事を進めやすくなるのですが、もし人付き合いが苦手であれば、コツコツ一人で進めていくのがいいと思います。そのうち、誰かが興味を持って声をかけてくるはずです。

地方ではそもそも情報が少ないので、多くの人はもしあなたが何か地方で行動を起こしているとしたら、みんな注目してくれています。そして気軽に話しかけてくれる人は必ずいます。その人を大切にしていきましょう！　きっとあなたが助けを必要としていることに協力してくれるはずです。あなたの情報が地方では一人からどんどん口コミで伝達されて様々な人が訪れます。
地方の人はあなたの行動と姿勢を見ています。「よく働く人だな！」とか「きれいにしているな」とか「がんばっているな！」とか行動からよく人を見ています。毎日頑張っている姿は誰にでも美しく見えます！　まずは、自分の目指す夢に向かって行動して、地域の人に挨拶だけしていれば、そのうちあなたも人付き合いが苦手ということを忘れているかもしれません！　まずは無理なく行動を起こしてみてください。

❖
❖
❖

Q4 実際にリフォームしながら技術を磨けとのことですが、私は本当に不器用で棚一つ吊ることもできません。私には農FIREは無理なのでしょうか。

A.

農FIREでは器用不器用は関係ありません。作ったものを誰かに納品するのではなく、自分で使う身の回りのモノを自分で作っていくということなので、発注者も製作者も自分なのです。不器用でも、見た目が悪くてもいいじゃないですか？

はじめはみんなうまくできませんし、うまくできる必要もないのです。使えればいいのです。

農FIREのいいところは、誰かに納品するためにモノを作るのではなく、初めは自分が使えればいいのです。まずはそのレベルから目指していきましょう！

❖ ❖ ❖

Q5 IoTとかAIとかバリバリの理系でないと難しいようなことが書いてあります。典型的な文系人間の私には農FIREは無理なのでしょうか。

A. ChatGPT などの大規模言語モデルを使っていきましょう！　理系でなくても今後は大規模言語モデルで会話をしながら、自分の答えに近いものを探していけるはずです。そして大規模言語モデルを使ったサービスもたくさん出てくると思います。

テクノロジーはどんどん一般の人でも使えるように簡易になっています。ここ数年でもっとそれは加速していくと思いますので、きっとあなたが行動を起こして地方に住むとしたら、あなたが使いたいサービスも爆発的に増えていると思います。

❖❖❖

Q6

YouTube等で何でも学べる時代とおっしゃいますが、ネットにある情報は玉石混交で何がいいか判断付きかねます。動画選びのポイントがあったら教えてください。

A.

動画には虚偽の映像や使えない映像もたくさんあります。もしくはAさんにはよくても、Bさんには不向きということもあります。まずは大量のインプットをして、試してみる回数を増やして、自分にあったやり方を見つけていくしかありません。

いろいろな家具の作り方がYouTubeにはありますが、私も最終的に海外の人の家具の作り方が一番自分には合うなと思っています。あなたに合うやり方を世界中から探して、自分に合うかどうか、どんどん試してみてください。試す回数やスピードが今は一番大切です。

❖
❖
❖

Q7 農FIREは資金運用というよりまさにビジネスだと思うのですが、私にビジネスの才能があるとは思えません。どうすれば身につけられるでしょうか。

A.

ビジネスの前に、自分が食べるものを自分で作り、自分で自分の家が直せたり、自分が食べるものを加工できたり、自分でソーラーパネルなどで発電できるだけでも立派な「農FIRE」です。まずはお金を増やすという視点より、自分の人生をお金ではなく、自分自身で支えられる小さい一歩から踏み出してください。

お金を増やすことだけが「農FIRE」の目指す道ではありません。お金が通用しない、お金のコスパが悪くなっても、自分で自分の人生を支えることができるスキルを身につけることが重要です。

第1章

ニューヨークで学んだ「人生の豊かさ」

▼ニューヨークで学んだお金の話

ニューヨークの経済を動かしているのはユダヤ人だとよく言われます。私もニューヨークに住んでみて、そのことを実感しました。ユダヤ人が牛耳っていると言うと陰謀論みたいで面白いのですが、実際にはユダヤ人がいろいろと手掛けている金融ビジネスに他の人種の人たちが乗っかっているということです。日本人も例外ではありません。

私はニューヨークのラファエル・ヴィニオリ建築事務所で働く傍ら、自分の会社を作ってビジネスもしていましたので、ユダヤ人の取引相手が何人もできました。『ユダヤ人大富豪の教え』を読んだことがある人はご存知でしょうが、彼らは労働ではお金持ちになれないと言うのです。

ではどうすればお金持ちになれるのかと聞くと、投資をしろと、株や土地を買えと。要は金が金を生むというわけです。

さらに人に近いビジネス、要するに接客業や小売業などをせず、人から遠ざかるほどビジネスは儲かると教えてくれました。「**ビジネスで成功したければ、人に近づくな**」とまで言われたのです。

▼お金持ちが欲しいものはお金で買えないもの

では、そんなユダヤ人の億万長者が欲しがるものとは何でしょうか。それはお金では買えないものです。

一つはアート。芸術品もお金を出せば買えると言われるかもしれませんが、審美眼は買えません。あるいはアートそのものを創り出す力。これは常人には到達できない領域ですね。だから、モノはお金で買えるかもしれませんが、お金だけでは手に入らない何かを求めて、それにお金を惜しまないわけです。

それから名誉。これればかりはお金では買えません。人間性とか気品とか、もちろん行動もそうですが、これまでの人生で積み上げてきたものが評価されます。これもお金を持っているほうが手に入れやすいかもしれませんが、それだけでは得られないものです。

▼お金で幸せになれるというのは幻想

お金に困っている人の前で言いにくいことですが、要するにお金で買えるものはたかが知れているのです。たとえば月旅行とか火星旅行とか、テスラが実現に向けて一生懸命尽力していますが、それで宇宙に行ったとして本当に幸せなのか。お金があれば実現できることが本当に幸せを運んでくれるのか。私も多少はお金を持っているので、それだけでは幸せになれないという感覚は持ち合わせています。

確かにお金を稼ぐまでは大変かもしれませんが、いったん手に入れてしまうと、何でも買えてしまえるようになります。しかしこれは、けっこう虚しいものなのです。金持ちの贅沢な悩みと言われるかもしれませんが、**いわゆるセレブに買い物依存症の人が多いことを思い出してください。その虚しさがかなり深刻だと想像できますよね?**

先ほど、「ビジネスで成功したければ、人に近づくな」と言われたと述べましたが、それで成功しても、はたして幸せなのでしょうか。幸せではありませんよね。だから当のユダヤ人大富豪たちも結局はお金で買えないものを求めるわけです。お金で買えるものには幸せはなく、お金で買えないものにこそ幸せがあると、私は思うのです。

▼ロシアでは自給自足できる土地をタダで配っている

ここでロシアのダーチャについて触れておきたいと思います。

日本でも、コロナ禍でリモートワークが普及し、その結果二拠点生活が流行しています。**実はロシアでは、ソ連時代から地方の「農園付き別荘」を無料で配って、何かあったらここで自給自足しなさいという制度がありました。この「農園付き別荘」のことをロシア語でダーチャと言います。**

日本の二拠点生活では、地方に土地と家を買うと言っても数百万円程度はかかります。中には数千万円かけて別荘やリゾートマンションを買う人もいるでしょう。それで地方暮らしに満足できればいいのですが、失敗事例も多く聞かれます。失敗したらその数百万円〜数千万円をドブに捨てたも同然です。買った土地と家を転売するのが至難の業だからです。ノウハウを知らずに買うと、そうなるリスクはかなり高いのです。

それをロシアでは無料で配ってくれるのです。一種のセーフティーネットだと言えます。「土地はあげるから、経済危機になったらそこへ行って自分で食べ物を作りなさい」という制度なのです。

ダーチャがあるので、ロシア人には普段は都会で働き、週末はダーチャで暮らすという、まさに二拠点生活をしている人がたくさんいます。

そもそもなぜダーチャのような制度が始まったかと言うと、広島と長崎への原爆投下がきっかけだったと言われています。核開発競争が始まり、米ソが対立する冷戦時代にはいつ核戦争が起こってもおかしくないという危機感がありました。そこでモスクワ等の都市部に原爆が落とされたと想定して、そこから１００km離れた郊外なら安全だと判断したソ連政府は、ダーチャとそこに至る道路を急速に整備し始めたのでした。

冷戦はソ連崩壊で終わりましたが、ソ連を引き継いだロシア政府はダーチャ制度を継続し、今に至ります。そのためロシアでは、自給自足の考え方とノウハウがかなり根付いているのです。

▼日本にこそ欲しいダーチャ

ロシアには年金暮らしになると、週末だけではなくずっとダーチャに住んで、自給自足生活を始める人がたくさんいます。一方、日本では将来どうなるかは別として、現時点では年金をもらうようになるとリタイアする人が多いのですが、ちょっとリスキーかなと思います。

というのは仕事をしなくなると、とたんに認知症になるリスクが高くなるからです。特に会社員だった男性は地域に友人があまりおらず、人と話す機会が失われがちです。これからは女性もそうなっていく可能性があります。いずれにしてもボランティアでもいいから仕事は続けるほうがいいと考えられます。

FIREについて書いている本で「仕事を辞めるな」と言うのは矛盾しているように思われるかもしれませんが、もうお金を稼がなくていいような富裕層だって、リトリート施設で農作業など何か手を動かすようなことをしています。だから、老後を見越して二拠点生活を自分で準備するのはとても良い選択だと私は思います。

しかしそもそも食料自給率が低い国なのだから、政策として日本版ダーチャをやるべきではないかと私は思うのです。

都会でもマンションの空き部屋問題がそのうち深刻化してくると予想されていますが、既に地方では空き家が大問題になっています。地方の空き家問題を解消しつつ、国民にセーフティーネットを準備し、結果として食料自給率も上がるとしたら万々歳のはずなのに、なぜ政府はやらないのでしょうか。

▼外資系企業で稼ぐことは農業をするより幸せなのか

政府が何もしてくれないなら、自分で何とかするしかありません。ならば若いうちに老後に困らないだけの資産を作って、あとは資産運用で悠々自適に暮らそう――つまりＦＩＲＥしようとなるわけです。ただしＦＩＲＥにも大きな問題があるのです。

一つは、資産形成するまでにどうやってお金を稼ぐかということです。もう一つは、資産運用で本当に悠々自適に暮らせるのか。お金の稼ぎ方から順に見ていきましょう。

起業してビジネスを成功させ、IPO（新規上場）して資産形成するのが一番儲かりそうですが、そうやって資産を作れる人は、さらにその資産をビジネスに投資するでしょう。FIREを選ぶタイプの人ではなさそうです。

FIREを選びそうな人が最も稼げる方法は、外資系の実力主義の会社で成果を出して、日本企業ではあり得ないような高給を得ることではないでしょうか。しかし経験者である私は、それをあまりお勧めしません。というのは外資系企業で稼ぐ人の労働量はとにかく半端ではないからです。

4人分を1人でやるイメージです。人生の大切なもの、余暇であるとか、家族や恋人との時間であるとか、そういったものをとにかく犠牲にしないと、何千万円、何億円と稼ぐことはできないのです。

それでも働いて稼ぎたい、それが自己実現なんだという人は止めません。ただそうでない人も多いと思います。少なくとも私はそうでした。**外資系企業でお金を稼ぐことをどうしても自己実現だとは思えなかったのです。**

▼支出を抑えることを考えたほうが幸せになれるかもしれない

しかし考えてみてください。そもそも使うから稼がないといけないわけです。私の場合は使う暇もなく働いていましたが、リタイアしてから使おうと考えていたのです。それに都会でバリバリ働こうと思ったら、まず家賃がかかります。自炊などしている暇もないのですべて外食となり、食費もかかります。あまり家にいないので光熱費はそれほどでもありませんでしたが、とにかく都会は物価も高いですし、便利なサービスもあふれていて、それにもお金を使うことになり、何だかんだでものすごい出費になるわけです。

しかし地方で農業をするならどうでしょう。家賃はほとんどかかりません。食費もかなり節約できます。光熱費については太陽光パネルの自家発電をするのであれば、かなり節約できます。時間はたっぷりありますから、DIYでさらにお金を節約できます。DIY自体、慣れれば楽しいものですから、時間も有効に使えます。自分で使わないものなら、人にあげたり、売ったりすればいいのです。

私も実際に稼いでいますので、稼ぐことが悪いとは思いませんが、どちらかと言えば支出を抑えることを考えたほうが幸せになれる感じがしないでしょうか。

▼資産運用で悠々自適って本当？

それでも「5年なら5年、10年なら10年、頑張って働いて貯金をして、その貯金を運用して、あとは働かずに暮らしたい」という人はいるでしょう。では、いくら貯金すればいいのでしょうか。

よく言われるのが、「年間支出額の25倍を元手にして、それを年4％の運用益で回す」という「4％ルール」です。4％というのは、投資信託では比較的リスクの少ない運用益なので、日本の金融機関はこの方法を勧めることが多いのです。

たとえば年間支出額が300万円だとしましょう。東京でこの支出額で夫婦2人が暮らすのはちょっときついかもしれませんが、地方なら節約すれば大丈夫かもしれません。その300万円の25倍は7500万円です。その4％とは、300万円です。年間支出額と同じですね（25倍の4％だから当然です）。したがって、手数料と税を引いて4％の運用益を出せれば、元手の7500万円は一切目減りしないということなのです。**元手が減らないということは、永久に資産運用ができるということを意味しています。**

これは、ちょっと自分で計算してみればわかりますが、○倍と□％として、○×□＝1になれば成立する法則です。たとえば年間支出額の10倍を元手にして、それを年10％の運用益で回せば、元手は減りません。ただ10％の運用益ともなるとこれはなかなか難しいわけで、何十年も続けることはまず無理でしょう。ちなみに「『元金保証で年10％以上の運用益』という謳い文句は間違いなくポンジ・スキーム（詐欺の一種、後述）」と言われています。

ということで比較的低リスクで資産運用するのであれば、7500万円も貯金して、年間300万円しか使えないということになります。それって本当に悠々自適なのでしょうか。

▼老後に2000万円ではぜんぜん足りない

金融庁が「老後の資金として最低2000万円が必要」と発表し、日本中がちょっとした騒ぎになりました。この他に年金がもらえるのを前提とした試算でしたが、この2000万円は毎年減っていくわけで、平均寿命より長生きするとおそらく破綻する額だと思われます。

前項の4％ルールを見ても、2000万円というのは少ない気がしますし、円安の傾向はまだまだ続くでしょうから、どんどん価値が小さくなっていくと予想されます。それに詐欺に遭う可能性だってあります。

日本人はお金のリテラシーが低いと言われますが、それは資産形成の攻めのリテラシーだけでなく、詐欺に遭わないといった守りのリテラシーも低いのです。**むしろ守りのリテラシーが低いことのほうが問題かもしれません。**

「オレオレ詐欺」など、被害者に電話をかけるなどして対面することなく信頼させ、指定した預貯金口座への振込みその他の方法により、不特定多数の者から現金等を騙し取る犯罪を「特殊詐欺」と呼んでいます。令和3年の特殊詐欺の被害件数は1万4498件、被害金額は282億円でした。単純に平均すると1件当たり約195万円の被害額となります。件数も金額もここ数年減少傾向にあり（ただし令和2年から3年にかけては件数が微増）、一方で検挙件数は増加傾向にあります。

しかしながら、あれだけニュース等で啓蒙しているにもかかわらず、お年寄りを中心にこれだけ騙される人が相変わらず多いのには、少し驚かされます。そう言っている自分も騙されるかもしれません。事実、恥を忍んで打ち明けますと、私も何回か取込み詐欺を経験しています。特殊詐欺も巧妙に人の心理につけ込んでくるので騙される人が多いのでしょう。しかし基本的な手口を知り、普段から本人確認をきっちりするなど基本的な予防策を講じていれば、ほぼ騙されることはないと考えられます。やはり守りのリテラシーが低いのだと思います。

いずれにしても実際に騙されている人は多く、平均額の195万円でも虎の子の貯金というお年寄りは多いでしょう。あくまで平均ですから、中には数千万円を騙し取られた人もたくさんいるはずです。

検挙件数が増えてはいますが、詐欺で騙し取られたお金を取り戻すのは、日本の詐欺に甘い法律（騙されるほうが悪いという法律）では、まず不可能です。一部でも返ってくれば良いほうです。

▼さらに高齢者につけ込むポンジ・スキーム

特殊詐欺以外にもポンジ・スキームという金融詐欺があります。これに引っかかる人が高齢者を中心に多いのです。これは投資詐欺で、出資者を募って運用益を渡すと称して、後から入った出資者から得たお金の一部を先に出資していた人に渡すというやり口です。ほとんどは詐欺師の懐に入るわけですが、出資者も最初の頃はかなりの運用益が入ってくるので、なかなか詐欺に気がつきません。そのうち出資者が増えなくなると、詐欺師は稼いだお金を懐に入れて、海外などに逃げてしまいます。

後から出資した人が損をかぶるのはネズミ講に似ていますが、必ずしもピラミッド構造ではなく、初期の出資者でも儲かるとは限らないので区別されています。

ポンジ・スキームは若い人もよく騙されるのですが、高齢者は手持ちの資金を増やしたいという気持ちが強いので騙しやすいようで、高齢者のなけなしの資金を狙ったポンジ・スキームが後を絶ちません。

とにかく老後に2000万円の貯金があったとしても、それで悠々自適に暮らすのは難

しいだけでなく、詐欺師に騙し取られるリスクまであるわけです。

▼農地は誰も盗りに来ない

こうして見ていくと、お金というのは資産としてはコスパが悪いことがわかります。金が金を生むと言っても年の運用益が４％ぐらい。それ以上はかなりリスクが大きくなるので、細やかな運用をしないといけません。普通に働いているほうがまだ楽かもしれません。その上、騙し取られないように守る必要もあります。気が休まらないのです。

では資産としてコスパが高いのは何でしょうか。実は、それが農地なのです。農地を安く買って、高く売ろうという話ではありません。地方の農地を高く売るのは至難の業です。高速道路建設に伴う用地買収でもあれば別ですが、今どき地方に高速道路を増やそうという話自体あまりありません。

そうではなく、農地を買ってそこで生産しようという話です。工場を買って製造業を始めようというのと同じことですが、なぜ農地が良いかと言えば、それは地方の農地が今となってはタダ同然で手に入るからです。農業をしようと思えば、住む家や倉庫なども必要ですが、それらも安く手に入ります。

初めから農地が許可なく買えるわけではありません。農業者認定を市町村で受けて、その後農地を購入することになります。

はじめのうちは土地は借りることになりますが、農業者認定を取得後は、農地を自由に購入することが可能となります。5年間の農業の計画を書いて市町村に提出するのですが、役所に行けば、丁寧に教えてくれます。今では農業者になりたい人がどんどん減っていますので、移住して農業をやってくれる人は市町村としても大歓迎なのです。市町村も農地を荒らされたくないので、農業を真剣にやっていくという気持ちと意気込みを役所の方に伝えていただければ、みなさん協力してくれます。私の場合は、法人で許可を取ったので、市町村と一体になって農業の振興を図る山梨県農政部の方がとても力になってくれました。

農地にはもう一ついいことがあり、誰も盗りに来ないのです。盗りようもないし、登記を詐欺的に入手する手もありますが、盗っても安くしか売れないので、そもそも盗ろうという気が起こらないのです。だから守る必要もありません。なので詐欺対策のリテラシーが低くても、盗まれることはまれなのです。

▼農業は楽に儲かるようになった

しかし、農業は大変な割りに儲からないと思っている人は多いのではないでしょうか。農業が大変なのは生産に手間がかかるからで、儲からないのは流通コストがかかるからです。しかし「はじめに」にも書いたように楽な生産手段が出てきていますし、流通コストに関しては、今は直販する方法がいくらでもあるので簡単に抑えられるようになりました。さらに農作物をそのまま売るのではなく、加工することで付加価値を付けることもできます。他にも無農薬にするなど、付加価値を付ける方法がいくらでもあるのです。

あとはこれが王道だと思いますが、高く売れる商品を作ることです。シャインマスカットやブルーベリー、あるいは高級イチゴなどが代表格です。シャインマスカットで言えば、1反（300坪＝991.736㎡）の農地で年間150万円の売上が出ます。3反の土地があれば450万円です。そこから経費を引いて手元に残るお金は、その50％です。3反で225万円の現金が残ります。一人でできる面積（たまにパートタイマーに手伝ってもらう）は5反が限界かと思いますので、1反75万円の利益×5反で375万円が手元に残ります。そこから、加工品や付加価値を少し付けるだけでも450万円ぐらい得ることはできます。

年4％の運用益で450万円得ようと思ったら、1億1250万円の元手が必要です。いかに農業のコスパが良いかわかるでしょう。

▼地方には宝の山が眠っている

農地は富を生み出す「打ち出の小槌」ですが、地方にはさらに大きな「宝の山」が眠っています。それは森林です。

山梨県の県土面積は、4，465・27㎢ですが78％が森林で、そのうち人工林の割合は44％となっており、主な樹種はヒノキ、スギ、カラマツ、アカマツです。

立木に使用する木材1㎥あたり500円、その間の付加価値を計算し住宅に使用する木材が1㎥あたり8万円とすると、8万円／㎥×15億3248万3066㎡で約122兆5986億4531万円になります。全部がきれいな木材にならないとしても、それぐらいの資源が眠っているのです。しかしこの資源は利用されないままになっています。

どうして利用されないかと言うと、木材を切り出して、板にして、材木店を経由してハウスメーカーが購入して家を建てるとなると、最終的に木材1本が数千円になってしまうからです。だったら外国産の板を買ったほうが安いということで、日本の森林の木はずっと切られないで放置されていたのです。

ところがここに来て円安で輸入木材の価格が高騰しています。それでも流通コストを考えると国産の木材はまだ割に合いません。**しかし流通コストがかからなければどうでしょうか。**都会に直販の木材で家を建てるのは、結局運送費がかかることになりますが、DIYで家を建てたい山梨県内の人は、直接買えるなら買いたいと考えます。空き家は数十万円で買えますから、木材も自分で山から切ってきて、それでリノベーションすれば、ものすごく安く家を建てることができるからです。**難しく聞こえるかもしれませんが、それほど難しいことでもありません。実際、私や私の知り合いはそうやって家を建てているのです。**

▼私のちょっと忙しい日の過ごし方

本章の最後に、私のちょっと忙しい日がどんな感じかをお話ししましょう。

朝5時半。ベッドから起き上がりカーテンを開けると、富士山の雄大な姿が目に入り、嫌でも活力が湧いてきます。

顔を洗い、2時間ほど本を読んでから、裏の標高差３００ｍの山道を自転車で上り下りします。山梨県ですから山道はいくらでもあります。もう慣れたとは言っても上りはかなりの急な坂です。その分、下りの爽快感は筆舌に尽くしがたいものがあります。

8時30分から11時までの2時間半は農作業の時間です。今日はぶどうを４００kgほど収穫しました。値段にすると88万円です。

12時からは海外との打ち合わせです。Ｚｏｏｍのおかげでわざわざ海外に行かずに済むようになりました。電話会議という手もあるのですが、電話代のことを考えるとそれも大変です。インターネットとＺｏｏｍのおかげで「海外進出」が本当に楽になりました。

13時から資料作りです。17時からはその資料を使って、大学で授業をしました。

帰宅後は、ウェブサイトのデザインをしながら、新しい企画を練ります。その後、財務関係の打ち合わせをし、書類を確認します。

20時からは、都会の学校に通っているので今は別々に暮らしている我が子とＺｏｏｍで会話したあと、また本を読んで、22時には就寝します。

これは農繁期のかなり忙しい日で、たとえば2023年の8月は大学も夏休みでしたので、実働日数は4日間でした。7月は大学がありましたが、一日の労働時間は約3時間です。あとは好きなことをしていたり、本を読んで新しい知識を身につけたり、新しいビジネスのアイデアを考えたり、気分転換のためにぼーっとしているだけです。静かで自然に囲まれた地方でぼーっとするのは、本当にリラックスできて集中力が高まり、生産性も高まります。だから短い労働時間でもお金を稼ぐことができるのです。

いかがでしょうか。都会でギリギリまで自分を酷使してお金を稼ぐのに生き甲斐を感じる人もいるかもしれません。しかし私はそうした働き方にどうしても生き甲斐を感じることができませんでした。**だから地方でのんびり楽をしてお金を稼ぎ、自分らしい時間を過ごす生き方を選びました。そのような生き方が無理ではない社会が実現したのです。**私は、どうすればそのように生きることができるかを皆さんと共有したいと考えています。

第2章

農FIREとは何か？

▼改めて「FIRE」とは？

FIREとは、「Financial Independence, Retire Early」の頭文字を取ったもので、「経済的自立」と「早期リタイア」を意味する言葉です。若いうちに資産を形成してリタイアし、リタイア後は形成した資産を運用することで暮らしていくというライフスタイルのことです。

試しに「FIRE」でネット検索をしてみると、FIREを実現するために金融リテラシーを高めましょうという記事や動画がたくさん出てきます。だいたいが投資ファンドや投資コンサルタントの宣伝目的のコンテンツです。よくある流れは、FIREとは何かをまず定義付けしたあと、FIREのメリットとデメリットを指摘し（もちろんメリットが強調されます）、実現のための方法論（年間支出の25倍の資産を作り、年4％の運用益を上げる）を解説、最後にお勧めの金融商品が紹介されます。

実際問題として「年間支出の25倍」を貯めるのがそもそも大変なので、FIREしながらも副業すること（サイドFIRE）を勧めたり、資産形成を加速させるために資産運用を勧めたりすることがほとんどです。

▼マルチ人材である「百姓」を目指す「農ＦＩＲＥ」

私の勧める「農ＦＩＲＥ」もサイドＦＩＲＥの一種です。ただ資産の不足を補うために、副業として農業を勧めているわけではありません。

日本には「百姓《ひゃくしょう》」という言葉があります。農業従事者を意味する言葉ですが、差別的なニュアンスもある言葉ですので、あまり公には使われなくなりました。元々は「ヒャクセイ」と読み、「天下万民・民衆一般」を指す言葉です。つまり様々な職業・職能を表す言葉なのです。

私は「百の仕事ができる人」の意味で、この「百姓」という言葉を使っています。実際、昔のお百姓さんは、副業でわらじを作ったり、お酒を造ったり、自分の家は自分で建てたり、川魚を釣ったり、治水工事をしたりなど様々なことができるマルチ人材でした。

私の提唱する「農ＦＩＲＥ」にも、「農」の部分に「百姓」という言葉を含ませています。

つまり農ＦＩＲＥとは、農業をする傍ら資産運用をするのはもちろん、それ以外の様々なこと（家を建てたり、道具を作ったり、生活用品を作ったり、加工品を作ったり、流通経路を開拓したり、ＩｏＴやＡＩなど最新のテクノロジーを活用したりなど）もできる人間を目指そう、自分だけでできないことは他のマルチ人材である「百姓」仲間を集めて一緒にやろうという意味が込められた言葉なのです。

▼お金だけではこの不安定な世界に対応できない

ＦＩＲＥに関する記事や動画は金融リテラシーを高めることばかりを述べていますが、**お金だけ集めても、この不安定なＶＵＣＡ（社会・経済環境が極めて予測困難）の時代に対応することはできません。**たとえば円安とインフレが今、同時並行で進んでいます。お金、特に私たちが所持している円の価値がどんどん落ちているわけです。せっかく1億円の資産を形成しても、年々価値が下がっていくのでは、４％の運用益では実質的に目減りしていくだけです。

しかしお金で買えなくなっても、自分でモノを作れるのであればどうでしょうか。自分で作ることによってトータルの支出を下げられるのであれば、お金の価値が半減しても怖

くありません。

お金の問題は、価値が不安定なことだけではありません。今の時代においては「お金だけでは解決できない問題」がたくさん起こっています。戦争、疫病、殺人など、夢想だにしないことがたくさん起きていて、今後増えていく一方だと感じます。

つまりお金だけでは自分を守ることができない時代に、いつの間にか突入してしまったということなのです。自分で自分を支える技術を身につける必要があります。だから今「農FIRE」を私は提唱しているのです。

▼あなたの思い描く理想の将来は？

そもそもあなたは、どんな将来を送りたいと思っているのでしょうか。

都心で暮らして、朝から晩までやらなければいけないこと、人からやらされていることばかりに追われて、もしかしたら思考停止状態になっているのではないでしょうか。だから、どんな将来を送りたいと考えることさえしていないのではないでしょうか。

日々生活するためにお金を稼いで、税金を支払ったあとに残るお金で高い食材を買って、高い家賃を支払い、気がついたらお金が残っていないなんてことになっていませんか。会社での仕事ばかりしてきたので、自力で生きていく技術が身についていないということはありませんか。会社の名前や肩書きがなくても、人から頼りにされ、仕事を依頼される力がついていますか。もしリストラされてしまったら、路頭に迷ってしまいませんか。

今まで述べてきたようにお金はもはやコスパが悪く、その価値も安定していません。そんなお金だけに頼る生活を続けていて大丈夫ですか。自分ではなく、会社や社会に頼る生活を続けていて、本当に大丈夫ですか。

そもそも生きていくだけでいいんでしょうか。幸せに生きたいのではなかったですか。

それなら、なぜもっと自分に投資をしないのでしょうか。

▼空き家と耕作放棄地は右肩上がりに増えていく

「自分に投資」と言われても多くの人は困ってしまうかもしれません。本書はそのやり方を説明していくものですが、その前に日本の現状をもう少し見ていきましょう。

日本はかつてないほど、空き家が増えています。超高齢社会の進展とともに、これから

空き家数および空き家率の推移
―― 全国（昭和38年～平成30年）

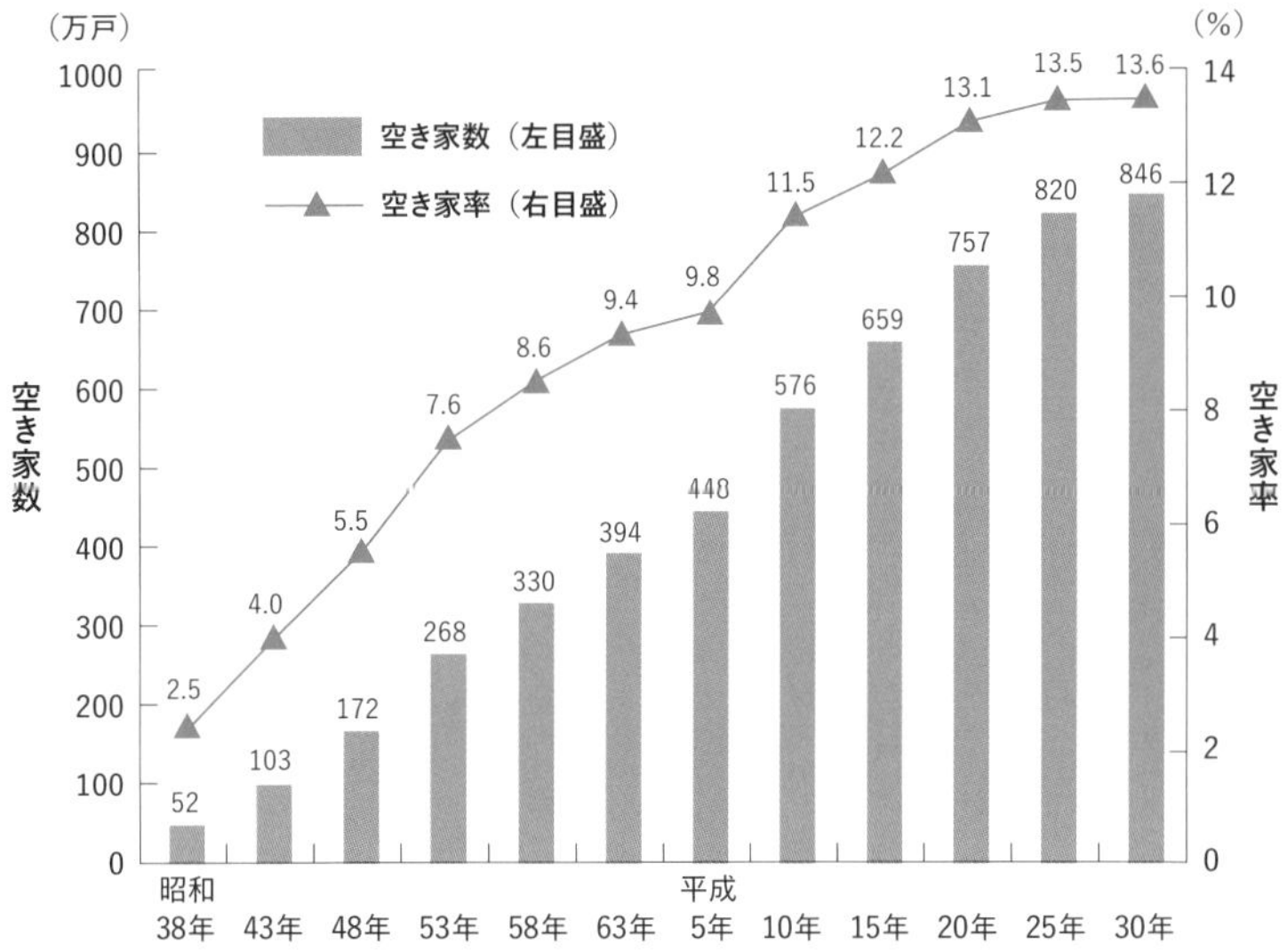

■ 空き家率は13.6%と過去最高

「居住世帯のない住宅」のうち、空き家は846万戸と、平成25年と比べ、26万戸（約3.2%）の増加となっている。

総住宅数に占める空き家の割合（空き家率）は13.6%と、平成25年から0.1ポイント上昇し、過去最高となっている。

空き家数の推移を見ると、これまで一貫して増加が続いており、昭和63年から平成30年までの30年間にかけて452万戸（約114.7%）の増加となっている。

また、別荘などの「二次的住宅」を除いた空き家数および空き家率は、それぞれ、808万戸、12.9%となっている。

出典：「平成30年住宅・土地統計調査結果」（総務省統計局）
https://www.stat.go.jp/data/jyutaku/2018/tyousake.html

出典：「中山間地域等について」（農林水産省）
https://www.maff.go.jp/j/nousin/tyusan/siharai_seido/s_about/cyusan/

も間違いなく空き家は増えていく一方です。

中山間地域という言葉をご存知でしょうか。農林水産省が取っている「農林統計」という統計があります。その農林統計では4つの農業地域類型を定義しています。都市的地域、平地農業地域、中間農業地域、山間農業地域の4つです（名称からどんなものかだいたいわかると思いますが、定義の内容を正確に知りたい方は、農林水産省のホームページを参照してください）。このうち中間農業地域と山間農業地域を合わせて中山間地域と言います。

中山間地域は大規模生産に向いていないので生産性が低いとされ、そのためどんどん使われなくなっています。ところが日本は山林が多いため、総土地面積の約7割が中山間地域なのです。また全国の耕地の4割および総農家数の4割が中山間地域に存在しています。中山間地域の農業・農村は土の流出や土砂崩れを防ぐという防災上重要な機能をはたしています。近年土砂災害が激甚化しているのも中山間地域の荒廃と無関係ではありません。

ただでさえ使われなくなっている上に、少子高齢化で中山間地域の農家がどんどん減っていて、その分放置された農地と空き家がどんどん増えているのです。

二拠点生活をしたい人は中山間地域の空き家に目を付けます。しかし空き家自体は土地付きでも数十万円〜数百万円で購入できますが、それをリノベーションするとなると大工さんやハウスメーカーに支払う金額がかなり高くなるので二の足を踏む人が多いのが現実です。

▼戦略的ゴミ拾いを積極的に

空き家になってしまった農家を買うと、嬉しいことにまだまだ使える農機具その他の機械も一緒に付いてきます。円安が進んでモノの値段は高くなる一方ですが、使える機械や家は放置され、タダ同然で手に入るのです。

空き家とか放置農地などと聞くと「負の遺産」、もっと言えば「ゴミ」と思うかもしれませんが、そういうものを積極的に探して、新たな価値を生むように作り直す――いわば**「戦略的ゴミ拾い」が農FIREの秘訣の一つです。私も4万円で購入した機械で、年間1000万円以上の売りが立っています。**タダ同然で手に入れた機械がまだまだ使えて、しかも富を生み出してくれるのです。

農業にも補助金はありますが、それを使おうとすると最新の機械を買うことになります。そこで銀行がお金を貸してくれるのですが、気がつけばとても返せないような金額になっていることがよくあります。だからまだまだ使える機械があれば、壊れているところを修理して、積極的に活用することを勧めたいのです。

また今はメルカリ等の二次流通が発達していますから、中古品を安く手に入れることが本当に簡単にできるようになりました。あるいは最新のテクノロジーを活用したい場合でも、たとえばIoTのセンサーは秋葉原などで安く手に入りますし、それらを制御するコンピューターであるRaspberry Pi（通称、ラズパイ）も新品が数千円で購入できます。IoTのシステムを自作している人は多く、意外とハードルは低いのです。

いろいろなモノが安く手に入るわけで、利用しないともったいないと言えます。

ちなみに私が4万円で買った機械は、スチームコンベクションオーブン（スチコン）と呼ばれるものです。温度管理が完璧にできるため、ホテルやフランス料理店などで食材をムラなくきれいに焼くのに使われている、まさにプロ用の機械です。家庭用だと数万円のものもありますが、業務用は数十万円から百万円以上します。私が購入したのはもちろん業務用で、運営する店舗や加工場で大活躍しています。

▼農村エリアの売り物は見つけにくい

私の住む山梨県は中山間地域が多いため、全国2位の空き家率となっています。県庁所在地の甲府駅から歩いて10分ぐらいのところで、既に空き家がけっこうあるのです。

2021年から「BASHIKA村」というコミュニティを主宰しています。その拠点として甲府駅から徒歩15分ぐらいのところにある山沿いのかなり広い土地を購入しました。いくつもの農家が高齢化で農業を辞めてしまったので空いた土地をまとめて購入したのですが、かなり安く買うことができました。地主から直接買ったら、評価額の10分の

©Toru Hiraiwa

©Toru Hiraiwa

BASHIKA 村
DIY 仲間とのイベントにて

1以下の値段だったのですが、むしろ喜ばれました。

地方暮らしのブームは何回か来ています。最近ではちょうど団塊世代が一斉に定年退職した15年ぐらい前にブームがありました。その人たちが購入したのは別荘地が多かったため、高齢化により維持できなくなった別荘が現在売りに出ています。そこにコロナ禍での二拠点生活ブームが重なって、長野などの別荘が今人気で、出物があればすぐに売れる状況です。

ただ別荘は高いのです。農家の5倍も6倍もします。ではなぜ別荘ばかり売れるのかと

言うと、不動産屋を介して売買されるからです。出物があるという情報がすぐに伝わるわけです。ところがずっと安い農村エリアの空き家はほとんど売れていません。これは一部不動産屋に回る物件もあるのですが、多くの物件は不動産屋に回らないからです。不動産屋を介さず、直接の口コミで「今度あそこが空き家になるみたいだよ」という情報が伝わってくるのです。

比較的安く購入できた物件
いずれも住んでいることで情報が入った

だから私のように実際に農業エリアに住んで、農地を借りて農業している人間には情報が入ってきますが、都会の人にはなかなか情報が入らないことになります。元々安いということもありますが、さらに不動産屋に仲介手数料を払う必要がないので、情報さえあれば空き農家は安く手に入るのです。

前述した通り、住宅は私たちでも買えますが、農地については認定農業者しか買えません。したがってはじめは農地は借りることになります。ただ農業をするためには拠点が必要なので、拠点として空き家を購入することになります。

なぜ不動産屋に情報が回らないかと言うと、ここは閉鎖的と捉えられるかもしれませんが、地方の人はやはり「素性」をしっかり押さえておきたいんですね。「よそ者が来るのは仕方ないとしても素性のわからない人はごめんだ」という感覚です。都会の人のように簡単に引っ越しできないので、これは仕方のない話です（県によって温度差はありますが）。

とは言うものの、空き家問題はシビアな問題になってきています。これは漁村の事例ですが、漁港の周りに300軒の家があって、そのうち200軒が空き家というところがあります。そうなると海上保安庁などが警戒しているのは、空き家に外国人が勝手に住みつくことなのだそうです。素性が知れないどころの騒ぎではなく、そもそも勝手に空き家に住みつく人たちですから、仮にそれが日本人であったとしても治安の面で問題があると考えられます。

そういった問題の解決の糸口に農ＦＩＲＥがなればという気持ちもあるのです。

▼農業の未来はどうなる？

私の考えですが、長い目で見ると食料は安くなっていくのではないでしょうか。たとえばテクノロジー、特にＡＩとＩｏＴの進歩で24時間自動栽培を行っている大型農場が今どんどん増えています。

たとえばモンゴルのような広大な土地があるところで、極めて生産性の高い農業が行われるようになっています。直線距離２５０㎞、幅80㎞（東京ドーム約42・８万個分！）という広大な蕎麦畑で無人運転のトラクターが走り続けて、ずっと蕎麦を作っているなんて話がゴロゴロあるのです。

衛星農業と言われる人工衛星から農作業を管理する方法が今後主流になっていくと言われています。このように農業生産性が桁違いに向上していくので、農作物は安くなっていくと考えるのが妥当でしょう。

ただ健康に良いかと言えば疑問もあります。たとえば日本人は、遺伝子組み換え食品に敏感です。ですから豆腐などの大豆加工食品を見ると、必ずのように「遺伝子組み換えでない大豆を使っています」との表示がされています。しかし違和感を覚えませんか。なぜなら日本の大豆の自給率は6〜7％です。これには油脂用や飼料用なども含まれているので、食用だけで言えば約24％です。つまり76％もの食用大豆を輸入しているわけで、それなのにこんなに遺伝子組み換えでない大豆を用意できるものでしょうか。

これにはからくりがあって、大豆とトウモロコシは5％までは「意図せざる混入」が認められているのです。したがってかなりの遺伝子組み換え大豆が豆腐等に使われていると考えるべきですし、油脂用などは野放図ですからどれだけ使われているかわかりません。

また安全性に問題があるということでEUに輸出できない日本産の食品も多いですし、欧米で禁止されている除草剤や農薬も日本ではけっこう使われています。**日本人は日本の食品は安全だと思い込んでいる節がありますが、実際にはかなり疑問があるのです。**それと同様にモンゴルの蕎麦粉が安全かどうかは疑問です。大規模農業はコストを下げることが最大の狙いであり、だとすれば遺伝子組み換え種子も除草剤も農薬もコストダウンの手段ですから使わない理由がないのです。

したがって農作物は今後安くなっていくと考えられますが、それを食べることが健康に良いかどうかは、その栽培方法をしっかり調べないとわからないと言えます。

その点、自分が食べる物を自分で作れば、絶対的な安心感を得ることができます。それも農FIREを勧める大きな理由の一つなのです。

▼農業の大規模化は日本でも進んでいる

農業の大規模化は日本でも進んでいます。たとえば圏央道沿いに今、大型トマト農場などが大量に作られています。そこで24時間自動栽培が行われているのです。したがって今後トマトの価格は下がっていくのではないかと予想しています。

政府も農業の大規模化と自動化にかなり力を入れています。農業従事者の多くが高齢者であり、若い人が増えていく当てがないのであれば、そうせざるを得ません。北海道など広い土地があるところを中心にそうした動きが広がっていて、農機具メーカーも国から補助金をもらいながら、自動化に取り組んでいます。

その一方で少子高齢化で人口が減っていきますから、将来的には日本の食料自給率は今よりは高くなると予想しています。日本にとって有利かどうかはわかりませんが、少なくとも良い傾向と思われるのは畜産がどんどん縮小していることです。たとえば海外では牛乳ではなくデンプンから乳製品の代わりを作る取り組みが盛んです。大豆で代用肉を作る動きも盛んで、年々本物の肉に近づいています。そのうち大豆で作った肉のほうがおいしいということになるかもしれません。

畜産は生産性が低く、大量の飼料を使ってわずかな肉しか取れません。また牛のゲップにメタンガスが含まれていて、それが地球温暖化の原因の一つ（しかも炭酸ガスよりも温暖化に寄与する割合が高い）と言われるようになりました。ＳＤＧｓという観点から畜産は敬遠されつつあるのです。

日本は放牧のための土地が少ないので畜産に向いていませんが、その代替品としてデンプンや大豆が使えるのであれば、もっと生産者が増えるのではないでしょうか。米もデンプンが多いので、日本にとって良い話であるのは間違いありません。

▼日本の購買力がずいぶん低くなった

しかし日本にとって良い話ばかりではありません。たとえばコロナ前より食品の値段がかなり上がっています。鶏肉など倍近くになっています。これは円安のせいで、日本の購買力が下がっているからです。他の国が日本の商社よりも高い値段で買い漁っているのです。

肉や魚だけでなく、いま海外産の果物が手に入りにくくなっています。バナナやパイナップルといったエキゾチックな果物だけでなく、たとえばみかんが買えなくなっています。愛知県原産の温州みかんをペルーで大量に作って日本に輸入していたのですが、それが他の国に流れているのです。

世界中で食品を買い漁る国というと中国が思い浮かびます。中国人がマグロのとろの味を覚えたので、日本での価格が高騰したといった話はよく聞きます。実は中国にはとっくに購買力で及ばなくなっていて、今は東南アジアやインドなどアジアの新興国にさえ負けています。

そうなると今まで1kg3、000円で買えた牛肉が8、000円になるといったことが普通に起こります。それでも牛肉を買うかと言えば、一般の人はちょっと手が出なくなるでしょう。日本の所得格差はアメリカと比べるとまだまだですが、グローバル化がさらに進展していくと、所得格差もどんどんアメリカに近づいていきます。本物の牛肉ですき焼きをするなどということは一部の富裕層だけの楽しみになるかもしれません。

ところが、さっき畜産は日本に向かないと述べましたが、それはビジネスの話です。家族で食べるだけの分、つまり数羽のニワトリと牛と馬を1頭ずつ飼って食べるということならけっこう簡単に安くできてしまいます。昔の農家はそんな感じでやっていました。ニワトリなどは野菜クズや生ゴミで育ちますし、テクノロジーをうまく活用すれば、もっと効率よく育てることが可能になります。

たとえばそれがエコだとわかっていても肥溜めは持ちたくないという人も多いでしょう。しかしコンポストトイレ（バイオトイレ、微生物の力で排泄物を肥料に変えるもの）なら抵抗はあまりないかもしれません。そもそも古い民家を買っても汲み取りに来てもらえるかどうかわかりませんし（来てくれても有料ですし）、水洗トイレにするのも大変ですから、コンポストトイレは必須の設備と言えます。

水洗トイレはその一例ですが、インフラ網から自宅を切り離す動き（オフグリッド）が欧米では盛んです。日本でも実践している人はいますが、まだ少数派です。しかし電気代も水道代も爆発的に高騰していますから、そういうオフグリッドの動きが今後加速する可能性は十分にあります。

フィリピンの自宅前の海

ネグロス島　カメが見える島

私がコロナ前に月の半分ぐらいを暮らしていたフィリピンのネグロス島（フィリピンでリタイア後に一番住みたい場所として有名）では電気代が日本よりも高く、自家発電で豆電球を灯している人たちもいました。完全なオフグリッドは難しいかもしれませんが、自家発電とか水源の確保とか、そういったことを真剣に考える必要が出てきていると感じます。

第3章

農FIRE はじめの一歩

▼いきなり地方に引っ越すのはリスキー

ここまで空き家が増えているとか、農作物はどんどん安くなるが安全面は不安であるとか、一方で日本の購買力が下がっているので輸入品では手が出ないものが出てくるだろうとか、オフグリッドについて真剣に考える必要があるとか、少し暗めの話をしてきました。

ただ取りようによってはこれらはすべてチャンスでもあるのです。その気になれば、コストをかけずに安心と安全を手に入れて、世の中の変動をあまり気にせずに生きていくことが可能という話なのですから。

そのように捉えて、自分も農ＦＩＲＥを検討しようという人も出てきたことでしょう。そこで、少し具体的な農ＦＩＲＥのノウハウに入っていきたいと思います。

まずやる気に水を差してしまったら申し訳ないのですが、やはり何ごとも慎重に始めることが肝心です。もしあなたに今３００万円の貯金があったとすると、それで空き家を買って機械や設備を準備し、その空き家に引っ越して農業を始めることは十分可能です。

実際に３００万円をどう振り分けるかはのちほど説明します。

しかし、いきなりこの土地と決めて移り住むのは大変危険なことだと言わざるを得ません。なぜならその土地が本当にあなたに合っているのかどうかわからないからです。「地方はどこも同じ」などと思ったら大間違いです。**いくつかの土地を経験してから見極めることが肝心なのです。**

「秘密のケンミンSHOW」という番組を見たことがあるでしょうか。関東と関西で県民性が大きく違うのは当然として、同じ関東でも埼玉県と神奈川県ではかなり県民性が違うことがわかります。関西でも隣同士の府県でぜんぜん違います。それどころか隣の町に行くだけでも、住む人の感性や考え方がけっこう違うということもよくあるのです。

▼まずは地方に片足だけ突っ込め

私は、ニューヨークとフィリピンのネグロス島にしばらく住んでいました。どちらにいたときもアパートをいくつか引っ越して、自分に合う場所を探しました。

すぐにはそこがいいかどうかはわかりません。**まずは平日は今住んでいるところにいて、週末に2日ぐらい地方に通ってみることです。**1年ほど通って、たまにはアパートを借りたりしながら、情報収集をしてみてください。アルバイトなどしながら人間関係を作ることも大切です。余裕があれば、一つの地方だけでなく、いくつかの地方を回ってみるといいでしょう。

地方の人は、新しいものが好きです。また本当は新しい人も好きなのです。物とも人とも新たに出会うことが少ないからです。最初は排他的と感じるかもしれませんが、それは仕方がありません。土地を持っており、畑やお墓を管理する必要があったり等々と、地方ではそう簡単に引っ越しできない事情がたくさんあるからです。だから、素性のわからない人が近所に住むことを極力排除したいのです。何か問題を起こされてからでは遅いのです。

ですが、結局は営業と同じで、接触回数で変わってきます。お菓子などを持って挨拶に行けば徐々に受け入れてくれます。馬鹿にして言うわけではありませんが、全国的に共通する傾向として、地方の人は甘い物と無料のものが大好きなのです（シャトレーゼの商圏を調べれば、甘い物が都会よりも地方で売れることがよくわかります）。そうやっていくうちに、様々なことを教えてくれる人も出てきますし、いろいろとものをもらえるチャンスもあります。

そのうちに価値観、すなわち何に価値があると考えているか、そのあたりの違いがわかってきます。たとえば都会の人は富士山が見えると喜びますが、山梨に住んでいる人はそれほどの価値を感じていません。あらゆる「あたりまえのこと」と同じで、仮に富士山がなくなったとしたら山梨県民と静岡県民が一番大騒ぎすると思いますが、普段は都会の人ほど富士山にありがたみを感じていません。

古民家なども同じで、地方の人はただの古い家と思っているだけで、都会の人が何でそんなものをありがたがるのかよくわかりません。「使ってないから、買ってくれるなら大歓迎だよ」と安い値段で譲ってくれます。

一方で先ほど書きましたが、地方の人は甘い物と無料のもの、そして新しいものが好きということも彼らと付き合ううちに見えてきます。大事なのはお互いに相手の価値観を尊重することです。

まとめるとポイントは二つです。一つは、住みたいと思う場所に実際に通ってみて、事前に価値観の違いを見極めること。どうしても合わなければ別の場所を探すことです。**もう一つは、拠点を決める前に住民と仲良くなっておくことです。**農FIREの準備として、この二つは決定的に重要です。焦らず慌てずじっくり取り組むことが農FIRE成功の秘訣です。

▼300万円からスタートできる農FIREの道

では、農FIREをどう進めるかを、具体的に説明していきましょう。

考え方としては、できるだけ支出を抑えることがポイントです。普通FIREと言えば手元に7500万円～1億円ぐらいの資産が必要と言われますが、**農FIREは300万円で始めることができます。**ただしそのためには、支出を抑えることが前提にあることを頭にたたき込んでください。とはいえ、貧乏臭い暮らしをしようということではありません。**支出を抑えて豊かな暮らしをすることが、農FIREの主要コンセプトであることを強調しておきます。**

支出を抑える観点からだと、まず毎月の定額支出、すなわちサブスク的なことはできるだけ排除したほうがいいでしょう。特に大きいのは家賃です。都心で賃貸住宅を借りると、安いところでも月10万円ぐらい、だいたい15万円～20万円かかります。しかしこれが地方であれば、120万円～180万円で買える古民家がけっこうあります。つまり家賃半年分ぐらいで家が一軒買えてしまうわけです。

初期費用300万円の使い途

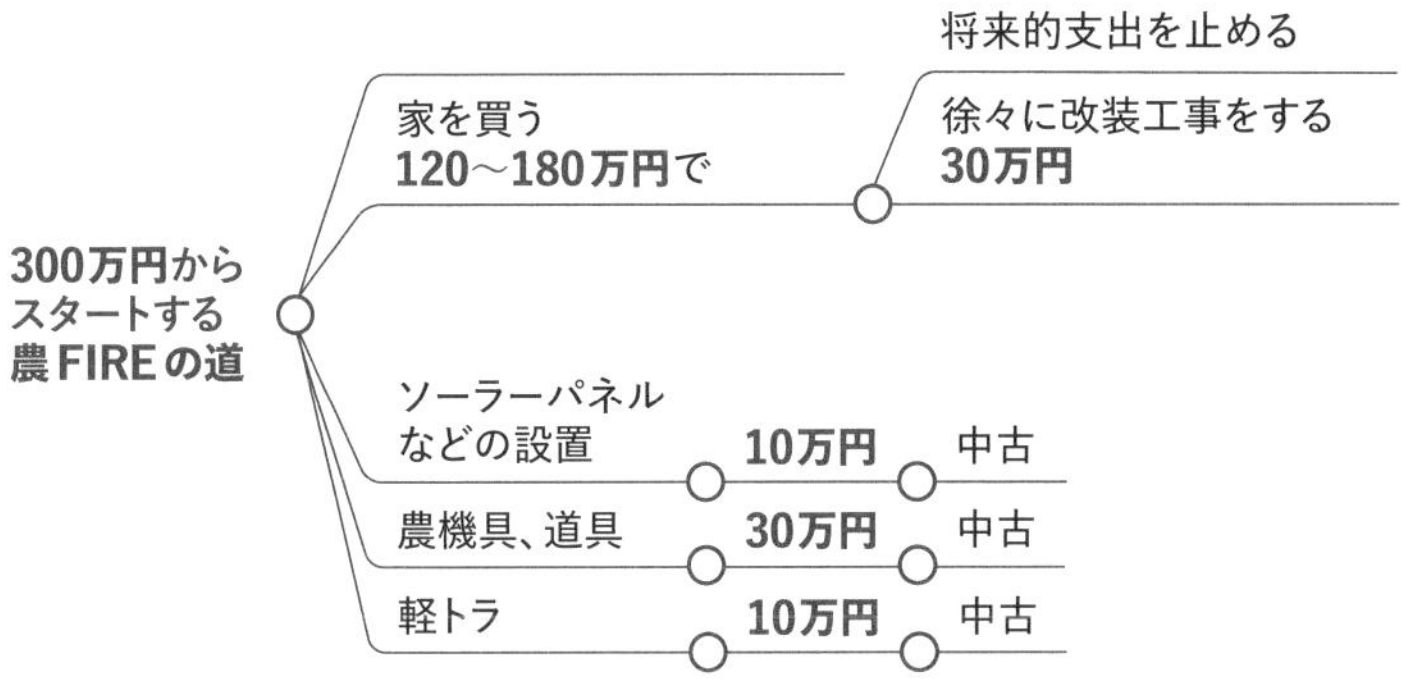

そしてできるだけＤＩＹで工事は自分ですることをおすすめします。今ではYouTubeでかなりのことが勉強できます。たとえば、「**むらたかずREホームチャンネル @re6725**」では、リフォームや工具のポイントを詳しく説明してくれています。難しいポイントやリフォームの工夫など現場でしか知ることができないこともたくさん教えてくれています。とても参考になると思います。また「**大工の正やん @CarpenterShoyan**」も大工作業のポイントや技術をもっと深めていきたいという人にはとても参考になると思います。配管工事など、ピンポイントでYouTubeを検索することで、必要な映像を見ることができます。ぜひ検索して自分のレベルに合った映像を探してみてください。ちなみに私はソファーなど作った

©Toru Hiraiwa

DIY で地方暮らしを支え合う仲間たち（上右端が筆者）。写真家、経営コンサルタント、AI 関連のプログラマー、IT 企業の社長、俳優など多士済々のメンバーが既に地方に拠点を作り始めている

ことはなかったのですが、海外のサイトの「CHEST'ER @chesterkrsk」を見ることで、ソファーや家具も作れるようになりました。というのは、修理してくれる業者は都心でも労働人口の減少に伴って減る一方ですし、地方では既になかなか業者が見つからなくなってきているからです。

YouTube の映像だけでは、感覚などが勉強できないため、体験会などにも行ったほうがいいです。全国ではタイニーハウス作り体験や小さい小屋を作る体験、そして私自身も、「農FIRE」を実現させるためのスクールを開催しております。（www.noufire.com）でも本書を踏まえた実践的なことをリアルで学んでいただくことも可能です。

感染症とか戦争とか暗殺とか物騒な世の中です。東海地震や南海トラフ地震、富士山噴火といった大規模自然災害もいつ起こるかわかりません。そんなときのために都心で何かあっても逃げて来られる家を作っておくと安心です。ＤＩＹと言いましたが、一人では大変なので仲間と楽しんで作るのがよいでしょう。素人集団でも、それぞれの得意分野を組み合わせれば何とかなるものです。

▼都心部から120分圏内を狙え

場所選びについては、都心から友達やお客様が来てくれる距離であることが重要です。それ以上遠いと、いろいろと手伝ってくれる仲間を集められませんし、体験型ビジネス（私の場合では、シャインマスカットの食べ放題など）を始めてもお客様が来てくれません。目安としては、自動車や交通機関を使って都心部から120分圏内であることです。90分圏内なら最高です。ビジネスだけではなく、医療に関してもそのぐらいの距離ならば安心です。将来的にはもっと遠くに拠点を持ってもいいのですが、初期はできるだけ都心に近いところを選びましょう。その拠点をファーストステージにして、セカンドステージ、サードステージと段階を踏んで、遠くに拠点を作っていくのはかまいません。

逆に都心から45分ならもっと来てくれる人は増えますが、必要な資金が多くなります。最初は90分~120分圏内が適切と言えます。都心近くに拠点を作るのも段階を踏むことです。仮にうまくいかなくて家を売却する際にも、120分圏内なら売りやすいというメリットもあります。

いきなり成功を目指してはいけません。失敗しないように、また失敗してもすぐに戻れるように、匍匐《ほふく》前進で進んでいくことです。失敗さえしなければ、あるいは小さな失敗ならば、気がついたときには成功しているものです。野球選手でも無理してホームランを量産する選手よりも、怪我がないことを心がけ、基本的にはヒットを狙い、ホームランはヒットの延長だという選手（イチロー選手のような人）のほうが長く活躍できます。

▼友達の友達ぐらいまでで完結するビジネスを目指す

なぜ120分圏内なのかと言えば、それは友達が来られる距離だからと述べました。都心から来てくれる友達というのはとても貴重なのです。友達の数にもよりますが、私たちが初期段階で目指すスモールビジネスは、友達の友達ぐらいまでが買ってくれれば十分成り立つからです。

買ってもらうだけでなく、商取引もだいたい完結します。友達の友達まで探せば、だいたいの職業の人が揃います。クラウドソーシングで専門技術を安く調達するのもいいですが、数多くの応募者から選ぶのも大変ですし、知らない人に発注するのは一抹の不安があるものです。友達の友達ぐらいなら、かなり信頼度も高いのではないでしょうか。打ち合わせなどもまったく知らない人とやるよりは楽です。

Web3.0（ブロックチェーンを基盤とした次世代インターネットの世界）でDAO（分散型自律組織）という言葉が注目されています。友達の友達までの経済圏も、こうした考え方やそれに基づくテクノロジーで運営されていくのかもしれません。

▼エネルギーもできる限り自前で

様々な問題が指摘されているソーラーパネルですが、エネルギー効率は以前よりもかなり改善されており、10年前と比べると、同じ面積で2～3倍の発電量になっています。さらに5年～8年ぐらいの間に、今の10倍ぐらいの発電量が可能なシリコンが開発される見通しで、地方暮らしの自家発電であれば太陽光発電で十分まかなえる時代が到来することは間違いありません。

オフグリッドの良いところは、まず電気代が気にならなくなることです。しかしそれ以外にも、太陽光発電であればお日様と一緒に暮らしている感覚が強くなり、農業をする上でのセンスが磨かれますし、自然全体に目が向くようになり、自然と連動して暮らす人生に幸福感を覚えられるようにもなります。

これからエネルギー価格は高騰していく一方でしょう。安くなることは、核融合でも実現しない限り、あまり考えられません。ソーラーパネルはもちろん、自分の力で格安でエネルギーを作れるようになる勉強は欠かさず続けていくことです。

何よりもエネルギー価格で、右往左往するような人生はもうやめてしまいたいものです。その逆で、自分で作ったエネルギーが毎日自分を支えてくれているのだと思うと、気分はまったく違ってきます。

▼中央集権的インフラに頼ることが危険になっている

電力以外でも中央集権的なインフラに頼ることが危険な時代になっています。水道は地方自治体から民間企業に委託される流れになっていますが、一般の企業や人が運営するのが難しい中央集権的なインフラであることに変わりはありません。それが民営化されることで、塩素量が増えたり、フィルターから変な成分が流れたりとあまり安全ではない状況になってきています。

地下水が危険と言うのは、全部が全部嘘というわけではないですが、だいたいはデマで、ミネラル等も豊富で体にいいことのほうが多いのです。だから地方であれば、山から地下水を自力で引いてくるほうがいいと考えます。自力で水脈を探して掘削するのは大変ですが、長い目で見たらやってみる価値はあります。

電気も水も基本的に自力でまかなえるのであれば、それが一番安心で安全ではないでしょうか。

▼再生可能エネルギーは不安定？

よく言われるのは、再生可能エネルギーは不安定だということです。曇りや雨、あるいは夜だと太陽光発電はできません。また日本は風力発電でまかなえるほど風が吹かないとよく言われます。

そこでＥＶ車のバッテリーに蓄電しておけと言われますが、実は世の中の全員に行き渡るほどの数のバッテリーはないのです。そもそもバッテリー自体、スマートフォンのバッテリーの価格を考えればわかるように、とても高価です。私はたまたまテスラのＥＶ車を持っているので、そのバッテリーに蓄電していますが、それは幸運なことだと思います。ちなみにテスラはバッテリー制御の性能が良く、蓄電には持ってこいの車です。

ということでＥＶ車への蓄電もしているのですが、主に行っているのは蓄熱です。たとえば冷蔵庫の中にマイナス30℃ぐらいに冷える保冷剤をたくさん入れておいて、夜は電源を切るといったようなことをしています。暖房に関しても同じで、蓄熱できるブロック等を置いておいて、昼は太陽光発電で温めて、夜はそれで暖を取ります。

屋根の上にある風呂の湯を温めるための装置

電力会社がやっている揚水発電を自宅でもできます。余った電気を使ってポンプで水を汲み上げて、その水を落として発電するのです。

地方に行くとよく見られる、屋根の上にある風呂の湯を温めるための装置も今はかなり進歩しています。真空のガラスの中に水が入るようになっているのですが、そうすると魔法瓶と同じでなかなか温度が下がりません。以前より少ない太陽エネルギーで湯温を保てるようになりました。

雪が降る地方だと、冬になるとそういう設備が寒さで壊れるといったこともありましたが、そのあたりもＩｏＴによる温度管理ができるようになってきています。Ｉｏ

TとAIでエネルギー管理を見える化するシステムも出てきており、自分たちで作っているエネルギーもそういうシステムで管理できる時代がすぐに来ると予想されます。どれぐらいのエネルギーが自分には必要かをChatGPT等で計算できる時代も来ています。自分に必要なエネルギーはいったいどれぐらいなのかを把握できると一層生活に安心感が生まれることでしょう。

▼「農業×IoT」で仕組み化する

異常気象や悪天候で農作物の出来が悪くなるたびに、困っている農家がテレビに取り上げられます。それを見て「農業はやはり大変だ」と思い込む都会の人が多いのかもしれませんが、今や農業は昔と比べると楽な仕事になっています。

少なくとも、朝から晩まで鍬を振り回すような仕事ではなくなりました。オランダではスーツ姿で、農場に行かず仕事が完結している農家もあるぐらいです。IoTとAIで、農業は誰にでもできる仕事になっているのです。これから産業用の5Gが普及していきますから、農業を行うためのテクノロジーはますます充実する一方でしょう。

ＩｏＴを実現するための部品や機械は数多く市販されています。ネット通販でも秋葉原でも、いくらでも安く手に入ります。また自動化の仕組みもオープンソースで公開されています。技術さえあれば無料でシステム開発できるのです。こうしたことから、欧米諸国では、野菜などを地方で自給自足する人が増えています。

▼農業は「ドミナント戦略」で！

しかし一つだけコストがかかる上に簡単でないことがあります。それは商品を流通に乗せることとです。農産物には数多くの規制や規格があり、今や野菜を育てるよりも、それらの基準に合わせることがとても大変になっているのです。**そこでまず始めてもらいたいことは、自分が食べる分の野菜を自分で栽培することです。**玄関を開けたら、家の前でトマトなどをかじられる生活から始めてほしいのです。

その後ビジネスを始めるのであれば、ドミナント戦略で進めましょう。チェーンストアが地域を絞って集中的に出店する経営戦略をドミナント戦略と言います。農業も全国展開を目指すよりも、まずは商圏を絞ってそこに集中することで道が開けます。今述べたように、商品を流通に乗せるのは大変です。小企業が物流に手を出すのは不経済です。

テクノロジーの進歩で、自営でも生産から加工・販売まで行うことが可能になりました。もはや農業は第1次産業から脱却すべきなのです。5次産業（従来の農業、製造加工、販売、情報処理を一つの企業で実施する産業形態）や6次産業（5次産業に物流を加えたもの）という言葉が一般化しつつあります。

しかし30分以上離れた場所に定期的に荷物を運ぶことは、相変わらず人手やコストを考えると難しいのです。物流コストも今後大幅にアップするとしか考えられません。**したがって自営であれば、自動車で30分以内の範囲で事業を多角的に展開することが必須です。**

また生産物をそのまま売るよりも加工することで高収益を生むことができます。いわゆる「はねだし」商品もそれを安売りするより、加工することで付加価値を生めますし、無駄なく使い切ることもできます。物流コストを削減することで、試験的に販売することも容易になるでしょう。

▼hototoで行っている実証実験でわかったこと

私が運営している株式会社hototoでは、物流という最も手間もお金もかかるところだけ外して、つまり5次産業として農業をやってみて、実際に成立するかどうか実証実験してきました。

その結果わかったことは、5年もあれば1億円ぐらいの売上はだいたい作れるということでした。そしてドミナント戦略で商圏を絞って、つまりあえて物流に手を出さないで、30億円規模ぐらいのビジネスをするのが最も効率的だというのが現時点での結論となっています。

このようなことが可能になったのは、スマートフォンのおかげだと思います。スマホアプリで無料あるいは安い値段で様々なことができるようになった結果、マルチ人間が増えました。そのおかげでたいていのことは素人でも可能になったので、商圏さえ絞ればビジネスで成功することが容易になったのです。

私と地方生活を支え合っている仲間にはカメラマンや俳優がいますが、実際に彼らの仕事の領域は広がりを見せています。

コンビニエンスストアがエブリシングストアになったように、あるいはドラッグストアで生鮮食料品が買えるようになったみたいに、業態に幅が出てきているということです。

カメラマンに関して言えば、コミュニティデザインを手掛けている人がいます。自分がデザインしたコミュニティを他人にイメージしてもらうには映像の力が欠かせませんが、そこに自分の撮影のノウハウを最大限に生かしているのです。そんなことができるのも、コミュニティデザインについてスマホで学ぶことが可能になったからです。

フリーライターのような職業でも、実際に地方暮らしをすることによって新たな視座、視点を獲得できます。それにより様々な仕事の提案ができるようになるでしょう。ライター＋コンサルタントのような仕事が可能になるわけです。それもコンサルタントの仕事がどういうものかスマホで学べるからです。

農ＦＩＲＥはそもそも、前述した「百姓」（マルチタレントの人）を目指すものでした。スマホによって以前よりも容易にそれが可能になったと言えるでしょう。

▼強い農業、賢い農業を目指す

私が考える強い農業とは、グローバルと連動しないで維持できる農業のことです。

ファーストステージでは必ずしも実業としての農業を目指す必要はありません。まず衣食住を確保し、維持することが、将来の不安から解放される必要条件だとすると、それを満たすのが地方で自分の食べるものを自分で作ることであり、それが農FIREの第一歩だということです。

要するにサスティナブルであることが重要で、農FIREはその手段を獲得することなのです。たとえば今後、海外から飼料や肥料などが大量に安く入ってくるということは想像しにくくなっています。ですから、自分の生活から肥料などを作る必要が出てきます。農薬も高騰するでしょう。微生物やシリカ水など、テクノロジーを使えばどこでも入手できる素材から、野菜の防除などができるようにするべきなのです。

海外で何か事件があるたびに、あるいは円が安くなるたびに打撃を受けるような農業では長続きしません。海外からの輸入品に頼らずに、肥料や防除手段を自力でまかなえるのが強い農業であり、賢い農業だと私は考えます。

これまでは大規模生産、大量生産ができることが強い農業の条件でした。その潮目が大きく変わりつつあるのが、今のＶＵＣＡの時代なのでしょう。

第4章

農FIRE
成功への8ステップ

▼「農ＦＩＲＥ」成功への8ステップ

ここまで「農ＦＩＲＥ」に関する考え方を説明してきました。その中で一部具体的な方法論にも踏み込みましたが、本章ではもっと詳細かつ具体的に農ＦＩＲＥを実現するまでの流れを説明していきたいと思います。

まず大きな流れを示しますと、農ＦＩＲＥを実現するためには、以下の8ステップを順に踏んでいくのがよいでしょう。これは経済的自立をはたすまでをファーストステージとし、そこに到達するまでの流れです。

1. 毎週地方に通って情報収集する
2. 家や事業所を修理する技術を身につける
3. 投資を始める
4. 事業を始める
5. ＩＣＴを利活用して販路を拡大する

6．人手に頼らず仕組みで管理する
7．収入の4つの柱を持つ
8．仲間を増やす

その後セカンドステージ、サードステージと段階を追って事業を拡大していくことになりますが、どこがセカンドステージの終わりで、どこがサードステージの終わりといった明確な定義はありません（人それぞれ目指すものが違うからです）。私の場合は第5章で詳しく述べますが、収益性は高いが栽培は難しいぶどうが作れるようになり、それを中心とした事業展開をしたのがセカンドステージ、その後、事業拡大の時間を短縮するためにM&Aを手掛けるようになったのがサードステージでした。

ただ言えることは、セカンドステージでもサードステージでも、ファーストステージの8ステップのそれぞれを常に改善していくことの繰り返しだということです。したがってファーストステージを達成したのちも、この8ステップの内容が参考になるはずです。

では8つのステップを順に見ていきましょう。

ステップ1：毎週地方に通って情報収集する

農ＦＩＲＥで必須なことは地方に拠点を探すことです。第３章でも述べたようにファーストステージでは、都心から90分～１２０分圏内で始めることをお勧めします。ですが、いきなり民家を購入して、完全に拠点を移してしまうのはリスキーです。人それぞれ合う土地、合わない土地があるからです。

そこである程度目星を付けたところで、週末の２日間など自分が動ける日に実際に現地に行って自分の足で歩き、良さそうな物件がないか探すことです。ただし見つかってもすぐに買うのは早計です。近所のアパートなどを借りて、仮の拠点をまず作りましょう。その拠点に何度も通いながら情報収集することが肝心です。直接見聞した生のデータに勝る情報はありません。一般に公開されている情報では、現実とのギャップが大きすぎるのです。

良い場所を見つけるためには、ＯＯＤＡループの考え方が大切です。ＯＯＤＡとは、

Observe（観察する）、Orient（状況を理解する）、Decide（決める）、Act（動く）の頭文字を並べた言葉です。元々は戦場で緊急事態が発生したときの意思決定の方法だそうです。ＰＤＣＡサイクルと似ていますが、じっくり計画を立てて、周期的なサイクルを回して改善していくＰＤＣＡとは違い、突発的な事態に臨機応変に対応していくための考え方だと言えます。何が起こるかわからず、先も読めないＶＵＣＡの時代にはピッタリの考え方です。

たとえば山梨県がいいなと思っても、簡単には決めず、千葉県や茨城県など他の県にも候補地を用意して、まず観察してみることです。観察しながら、状況を把握し、どうも山梨県は難しいと思ったら、千葉県も観察して、やはり状況を理解する。そこもどうかなと思ったら茨城県でも同様のことを行う。それでやっぱり山梨県のほうがいいかもしれないと思えてきたら、また観察して状況を理解する――こういうことをまず繰り返すのがいいでしょう。ＯＯＤＡのＯＯをまずいろいろ試すということです。Ｄすなわち意思決定はそのあとにします。

一度買ってしまうと、それを売るのはなかなか難しいので（本書が爆発的に売れて、農ＦＩＲＥブームでも巻き起これば別ですが）、慎重に進める必要があるわけです。

ステップ2：家や事業所を修理する技術を身につける

▼地方では安く修繕してくれる業者をすぐに探すことさえ難しい

いろいろなところで観察と状況理解を繰り返した結果、ここでならやれると判断したら、今度は現場で物件情報を集めます。物件情報には不動産屋に入らないものもあり、実はそのほうが良い情報であることが多いのです。役所には空き家の情報がありますし、競売情報は管轄の裁判所に行けば詳しく見ることができます。ＢＩＴという不動産競売物件情報サイトもありますが、現地で調べるほうが詳しい情報が手に入ります。何より現物やその周囲を見ることが大切です。

また農地を借りようと思うと、その地方の台帳を見ることになりますが、そこには必ずと言っていいほど建物や納屋などの情報も載っています。それも利用してなるべく多くの

ものを安く入手することを目指しましょう。

物件を入手しても、すぐに引っ越してはいけません。ほとんどの物件は、しばらく人が住んでいなかったでしょうから修理が必要です。また自分好みに改修したいところもたくさんあるでしょう。週末を使って、友人なども呼んで、みんなで楽しみながらDIYで修理していきましょう。

地方では、建物や機械の修理などを業者に依頼するとお金も時間もとてもかかるものなのです。人手不足なのでなかなか人が来てくれませんし、業者の提案をすべて受け入れていると、あれもこれも直さないといけないということになり、トータルするとかなり高い工事代金になってしまいます。ズルをして稼ごうとしているというよりは、人手不足の結果そうなってしまうのです。**ですので少なくとも一軒目は、自力で修繕を行ってほしいと思います。それによって修繕技術も磨かれます。**

家というのは、全部を一度に修理しなくても使えるものですから、ゆっくり直していけばいいのです。また自分で修繕できないと故障の都度業者を呼ぶことになりますが、やはりなかなか来てもらえないということになります。だから自分で修理できる技術は必ず身につけてほしいわけです。

▼DIYの道具も情報もあふれている

家を修繕する技術を身につける方法はいくらでもあります。大工技術を学ぶスクールは全国至るところにあるので、情報収集しながら通ってもいいでしょう。入門編であればYouTubeに動画がいくらでもあります。自分の住むところであれば、入門編で十分です。

一度身につければ死ぬまで使える技術ですから、ぜひ学んでほしいと思います。

私もDIYを教えていますが、生徒の中には自分で家を建てられるぐらい上達した人がたくさんいます。

今は良い工具が安くたくさん出回っています。メルカリなどでも買えます。使い方の説明動画もYouTubeに上がっています。私はマキタの工具の大ファンなのですが、マキタのような一流メーカーの工具もけっこう安く入手できます。

最近は「プレカット」と言って、予め切ってある木材を組み立てるだけで済むキットがあります。本職の大工さんも実はプレカットを使っています。ちょっとした納屋などもプレカットで組み立てるだけなら、誰にでもできてしまいます。そういうものをどんどん利

マキタの工具

用すればいいのです。
　プレカットでも何でも、自分の手を動かして、実際に作っていくうちに技術はどんどん身についていきます。ただ位置を決めるとか、支えるとか一人では難しいことも多いので、友人や家族にも来てもらって、一緒に自然の中でＤＩＹを楽しむ形で進めていけばいいと思います。

▼家一軒建てるのも実は簡単

　自分で家を建てられる人もいると書きましたが、小さな家であれば、実は建てること自体それほど難しくなくなっているのです。そうでなくても労働人口が不足している中、建設業界は３Ｋと考えられているため、若い人が新しく入ってきません。なので宮大工などは別として、昔ながらのプロの大工さんは減る一方なのです。そうなると誰でも家が建てられるように、プレカットのような工法を発達させていくしかなくなっているわけです。タイニーハウスやトレーラーハウスが流行っていますが、これらは模型を組み立てるような感じで建てることができます。また税金の面でも得になっています。トレーラーハウスなどは固定資産税がかからないのです。

あるいは、家など建てずにキャンピングカーで暮らすという選択肢もあります。キャンピングカーもトレーラーハウスも要らなくなったらすぐに売却することができます。また人に貸すのも容易です。実際、河口湖の畔で4台のトレーラーハウスを宿泊施設にして、年商2000万円ぐらいを売り上げている人もいます。

ステップ1で、候補の土地に通って情報収集せよと述べましたが、空き地を使わせてもらってキャンピングカーで寝泊まりする方法もあります。

ステップ3：投資を始める

▼私が勧める4種類の投資法

投資にはいろいろな種類がありますが、私がお勧めするのは以下の4種類です。

❶自己投資

投資した時間がすべて蓄積されていく「足し算」型の投資です。元になるお金を稼ぐ能力を身につけるための投資で、投資する時間も、得られるリターンも自分でコントロールできます。

❷ビジネス投資

本業ではなく、本業と関連する副業で資産を増やしていくことを指しています。自己投資と区別がつかないものもあります（たとえば修理の仕事をするなど）。一つひとつは時間をかけるほどノウハウが蓄積されていく「足し算」型の投資ですが、どれかが駄目になっても続けられるという意味で「掛け算」型（リスク分散型）の投資でもあります。続く③、④は本格的な「掛け算」型の投資ですが、不慮の出来事に対応する力が鍛えられるので、それらの練習になります。しかし、ほとんどは自分でコントロールできる範囲です。逆にコントロールできない範囲が大きいのであれば、そのビジネスには手を出さないほうがいいでしょう。

❸不動産投資

安く購入した不動産を自力で修繕して、賃貸することで不労所得を生み出す投資です。賃貸にするのはサブスク型の収入源が欲しいからで、不動産を安く買って転売するという一般的なイメージの不動産投資とは違います。自分でコントロールできる投資です。

❹株式投資

複数の株を買って、リスク分散する「掛け算」の投資です。トレーダーのように短期的な売買を繰り返すより、自分が惚れ込んでいる優良企業の株を長く持つことをお勧めしています。株価は個人がコントロールできるものではありません（できたとしても、それは犯罪です）が、リスク分散と長期所持で損をしないことを心がけます。

手持ちの資金額にもよりますが、この順番に手掛けていくのがよいと考えます。

▼ローリスク・ハイリターンな自己投資

費用もリスクも小さくて、それにもかかわらず一番リターンが大きいのが自己投資です。ただし時間もかかります。日々の努力の積み重ねが大切です。

まずは様々な本を読んで、知識を身につけることを優先してください。自分がいいと思う本を100冊ぐらい、まず読んでみるといいでしょう。ただ読むだけでなく、行動もすることです。泳ぎ方の本だけ読んでも泳げるようにはならないように、どんなことも自分でやってみないと身につきません。面白そうなビジネスがあったら、アルバイトをしてみるのもいいでしょう。**その際には何もかもは学べませんので、そこで動いている仕組みに**

フォーカスして学ぶことです。

「なぜそのビジネスは回っているのか」「なぜその会社では、ここに荷物を置いているのか」など、すべてに理由があります。それらは何千時間もかけて、作り上げてきた仕組みであり、中には時代遅れの仕組みもありますが、そうでないものもたくさんあるわけです。そうしたことを見抜ける知識も必要で、それも本と実地の経験から学ぶわけです。

ＶＵＣＡの時代ですが、情報社会・知識社会であることは変わりません。知識がないと読み解けないことがたくさんあるのです。頭が痛くなるまで、知識や情報をインプットしてください。

仮に破産しても、自己投資して得たものは残ります。詐欺師に持っていかれることもありません。すべて自分でコントロールできる範囲ですので、「自分の未来につながる投資」をどんどんしてほしいと考えます。

知識だけでなく、健康にも投資しましょう。いくらお金と時間があっても、健康でなければ、幸せは半減します。体だけでなく心の健康も大切です。

コロナ禍で多くの人が心を病んでしまいました。そこに戦争や暗殺など、嫌なことが重なって、ますます社会不安が広がっています。ＶＵＣＡの時代と言われるように、予期せぬことが突如として起きる時代です。常に自分の心を平穏に保てるようなことにも投資してください。たとえば、電車に乗るといろいろな人を見なくてはいけません。突然怒る人や嫌がらせをするような人を見る機会もあるかもしれません。もし自転車で通える距離であれば、自転車にして、電車で見なくてもいい状況にするなど工夫するといいかと思います。私は心が荒れるので、無用な電話には出ないようにしています。しかし電話は必要とあらばかかってくるので、電話代行サービスや自動応答電話で一度、機械や人に電話を受けてもらったものをメールのテキストで確認して、それから相手に自分のタイミングで電話をします。そのほうが無用な時間を取られたり、急なお願いなどをされず、自分の心を平穏に保つことができる投資だとも言えます。

心の平穏が保てない人の多くは失敗を恐れています。しかし極度に失敗を恐れる必要はありません。失敗は成功の一部です。失敗するほど成功に近づくのです。多くの人があきらめるのが早いと思います。１回はおろか10回ぐらい失敗したとしても大したことはありません。同じことを１０００回チャレンジする中で10回ぐらい失敗しても、それは失敗のうちに入らないでしょう。チャレンジとはそのぐらいのことだと知ってください。10回の失敗ぐらいであきらめるのはチャレンジではないのです。小さな失敗を繰り返すうちに、スキルとノウハウが身についているはずです。

▼努力を続けていれば急激に成長するビジネス投資

自分を支えてくれる小さいビジネスを始めましょう。その意味では、次のステップ4と重なりますが、ここでは投資的な観点でビジネスを見ていきたいと思います。

小さいビジネスをするとは、足し算ができる力を作るということです。自分で作った野菜や果物を、自分で誰かに販売する――この場合、販売することが足し算です。自己投資同様、できるようになるまで時間はかかりますが、着実に足し算ができるようになることで、再現性が身につき、一時的に破綻したとしても再起可能になります。つまり失うことが怖くなくなるということで、ＶＵＣＡの時代でも不安なく自信を持って生きていけるようになります。

道具が安くなった時代です。修理の仕事がお勧めです。はじめは何をしていいかわからないでしょうから、アルバイトから始めるのがいいかもしれません。あるいはInstagram、YouTube、TikTokなどのメディアを運営することであれば、いきなり始

努力の量と成果の関係

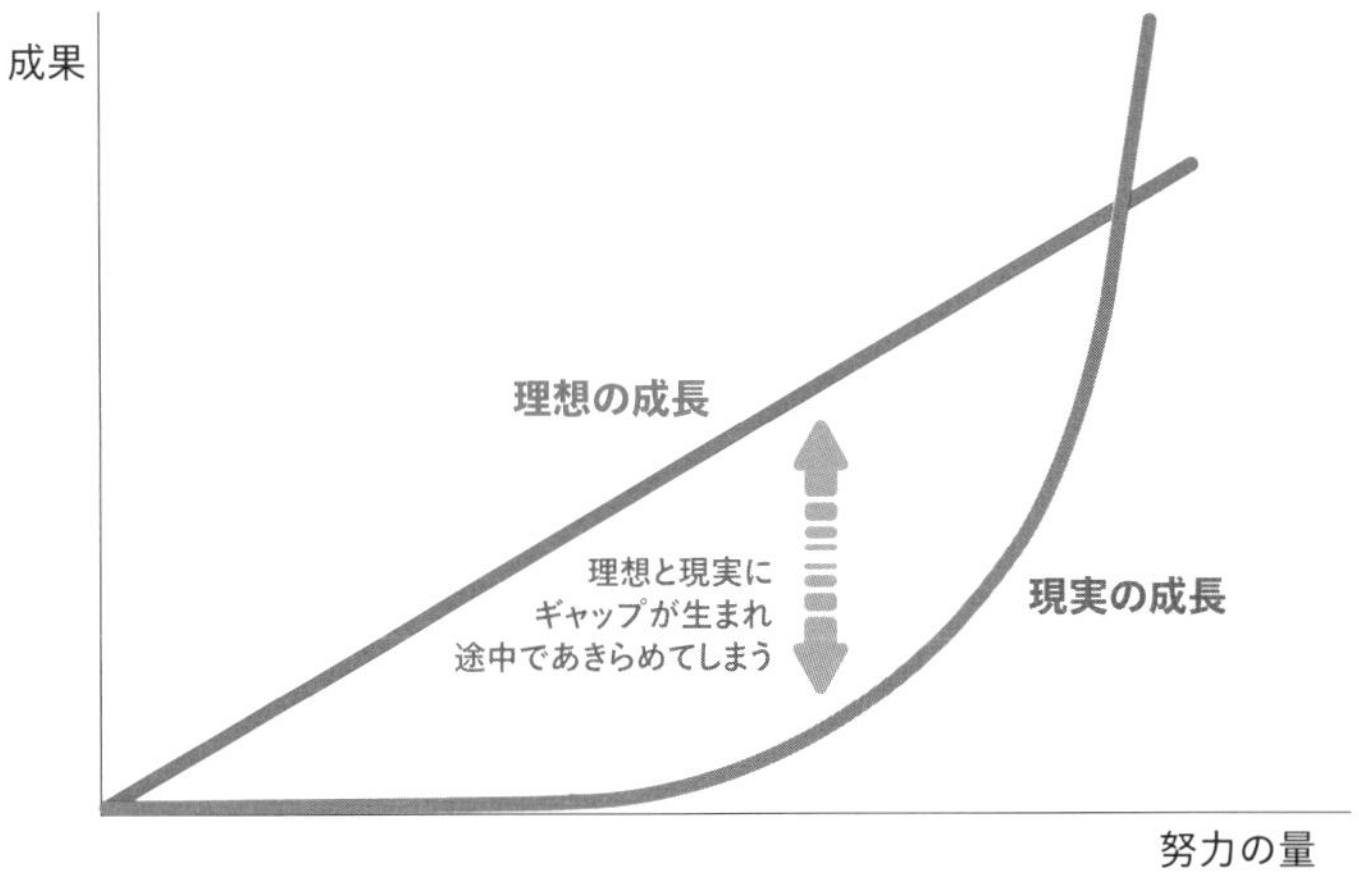

努力を積み重ねると飛躍的に成功するタイミングがあるが、
多くの人はその前にあきらめてしまう

めることもできます。動画編集だったら、パソコンとソフトがあれば、これもすぐに始められます。昔はヤフオクで稼ぐ人が多かったですが、今ならメルカリを使って転売業（二次流通）を始めてもいいでしょう。

考え方としては、まずは少額で仕事をスタートさせて、雪だるま式に少しずつ大きくしていくことです。ここでのポイントも自己投資と同じで、とにかくあきらめずに続けることです。続けていくうちに、少しずつですが結果が出始めます。直線的な成長はありません。非線形的に急激に成長するものなのです（図）。

ではどういうビジネスに投資すればいいでしょうか。**それは「未来の自分に役立つスキルが身につく」ビジネスにすることです。**本業とまったく関係ないものではなく、本業と関連し、本業の幅を広げてくれるかどうかを選択基準にしてください。本業とシナジー（相乗効果）があるものがいいということです。

ビジネスを育てるのは非常に時間がかかります。5年〜10年かけてゆっくり育てる心構えが大切です。長期投資するイメージを持ちながら、小さくても構わないので着実に育ててください。

▼継続的に不労所得を得るサブスク型不動産投資

家を修理しながら磨き上げたスキルで地域の古い建物などを修理し、賃貸物件として貸し出しましょう。工務店に改装工事を依頼したり、住宅設備業者に修理を依頼したりするとけっこうなコストがかかり、資金回収に時間がかかると同時に、利回りも悪くなります。原則、自分で修理しましょう。

工務店や住宅設備業者は、基本的に修理をやりたがりません。面倒だからです。なのでまだ使えるものでも新しいものを勧めてきますし、不要な追加工事の提案もしてきます。全部言う通りにしていたら、賃料も高く取らざるを得なくなってしまいます。よほど危険な箇所でなければ、プロの力を借りずに自分で修理して、その分賃料を安くして、その上で安い理由もしっかり説明するほうがいいのです。

毎月の利益は大きくなくてかまいません。確実に毎月利益を生み出す仕組みとして不動産を活用してください。その分、少しずつ物件を増やしていって、数で稼ぐようにしましょう。入居者から修理の依頼があれば、それも自分でやればいいのです。修理業者はなかなか来てくれません。修理業者に頼むことは、入居者を待たせることになりますし、お金もかかります。すぐに実費だけで修理してあげれば、入居者も喜んでよい関係が築けることでしょう。口コミで他の入居者を連れてきてくれることもあります。

▼株式投資では大きな負けを作らない

米国株インデックスファンドS&P500に無理のない範囲で、余ったお金を入れていきましょう。余ったお金とは、他に使い途が見つからないお金です。詐欺師に取られたり、無駄金を使ったりするのなら米国インデックスファンドに入れることです。

目指す利回りは年利3％です。FIREの4％ルールよりさらに低いリターンですが、**大切なポイントは、大きな負けを作らないことなのです。とにかく負けないことが、農FIRE成功に近づく一歩です。**

社会にはたくさんの罠があります。知識や情報がなければ、そのうちに罠にはまってしまうでしょう。それで多くの日本人は安全を求めて、銀行にお金を寝かせてしまうのだと思います。しかし銀行預金も特殊詐欺やポンジ・スキーム等の罠にかかれば大きく失ってしまいます。**少しずつ積み上げた貯金を、たった1回の罠ですべて失ってしまうことは、誰にでも起こり得るリスクです。**それならば年3％のリターンでも米国インデックスファンドに入れておけば、ずっと安心です。

仮に4000万円を入れることができれば、年利3％でも月にならせば10万円のリターンとなります。それだけあれば農業で残りの生活費を補ってそれなりの生活をすることができます。インデックスファンドに投資する際にはETF（上場投資信託）を利用するのがよいでしょう。私が初心者にお勧めするETFはVOOとVTIです。これらについては第5章で説明します。

円安と言っても海外に行けば、フィリピンあたりなら10万円に40万円分ぐらいの価値があります。私の知るオーストラリア人は、毎月帰国して多額の年金をもらい、フィリピンで大富豪のような生活をしています。言葉の壁がない人は、国と国の間の格差を利用して生活することもできるのです。しかも海外でも農FIREで培ったスキルはとても役に立ちます。

4000万円で月10万円の利回りと述べましたが、初期のお金がないときにはリターンは本当に小さいです。400万円入れて、月のリターンはわずか1万円です。これが自己投資であれば50％のリターンも夢ではない。つまり400万円を自己投資すれば200万円以上のリターンも可能ということです。

自己投資には、①時間の投資、②お金の投資の2種類があると思います。①時間の投資はお金がかからず経験や体験、今後役立つであろうことに時間を使ってください。私は自分で使う機械を作りたかったので、プログラミングの勉強に時間を割きました。プログラミングができれば、制御基板なんかも作ることができるので、農場で必要な機器類を購入しなくても、自分で数百万円するような機械を作ることができ、しかもメンテナンスも自分でできるので費用がかからないのです。プログラミングを学ぶには本と実践のみです。お金はほとんどかかりませんが、膨大な時間を必要とします。

②について、お金の自己投資で一番安いのは本です。世の中には1冊1、500円ぐらいで購入でき、インターネットより濃密な情報が記載されている書籍がいろいろあります。まずは月に10万円ほど自分の獲得したいことが書かれた本を購入してください。余ったお金はできるだけ自己投資に使ってほしいのですが、それでもどうしても余るお金があれば、インデックスファンドに入れればよいのです。

勝ちすぎるのもよくありません。勝ちすぎるとどうしても脇が甘くなり、せっかくの大勝利をすぐに失うことになるからです。**けっして大きい勝負をしてはいけません。とにかく負けないことを心がけてください。**

ステップ4：事業を始める

▼最初は加工品がいい

投資で資金を貯める一方、農地を借りて、農業も始めます。どうせ狙うなら収益性の高い作物が良いのですが、たとえばシャインマスカットだと3年間は収益がないので、その間どうするかが重要になってきます。

最初は育てやすいものを栽培するのがよいでしょう。たとえばサツマイモがお勧めです。その際に重要なのは、それをそのまま販売してもあまり儲けがないので、加工品を作ることです。加工品であればインターネット販売もできますし、生鮮品ではロス品やはねだし品になってしまうものも使い切ることができます。

焼き芋をインスタグラムだけで宣伝・販売して、年商6000万円を売り上げている若い男性がいます。彼はまだファーストステージ、つまり初心者なのですが、焼き芋はけっこう儲かるのです。私の知り合いでサツマイモの卸をしている茨城の会社がありますが、焼き芋で年間7億円ぐらい売り上げています。芋の加工品は人気があり、東京には大学芋の店がたくさんありますが、だいたい原価の10倍以上の金額で売れています。

大学芋と同様に素材に水飴を絡める商品としてイチゴ飴があります。これも私の知る渋谷の店では、1カ月で3000万円ぐらいの売上になっています。

ポイントは、素材が見える加工品ということです。これははっきり言ってしまうと、残念ながら日本人の味覚が劣化していることと関係しています。見て何かわからないと味も判別できないようになってしまったと、私は考えています。

いずれにしてもスイートポテトにしたり、焼き芋にしたりするだけで、毎日2〜3万円ぐらい売れていくという状況が、地方でもけっこう発生しています。

加工品を作るには設備や場所が必要になるので難しいという方は、地方には良質な農産物や市場にまだ出回っていない農産物があります。それらを仕入れて販売するというのも一つの手です。

▼販路はインターネットと直接販売の両方で

販路はインターネットだけに頼らず、直接販売と両方で考えます。直接販売では何らかの体験と組み合わせることが肝心です。これは加工品ではなく生鮮品になりますが、果物狩り、食べ放題といった企画が定番です。もし陶芸を教えられるのであれば、自分で焼いた器に果物を盛り合わせて食べましょうという企画もいいと思います。都心から90分～120分圏内で物件を探したことが、体験してもらうという点で効いてきます。

先ほどの焼き芋を売っている若者の例だと、彼はインスタグラムで宣伝して、ほぼネットだけで売っています。その際に焼き芋は冷凍します。冷凍した焼き芋を冷凍庫のある配送センターに置いてもらって、注文があればそこから配送します。到着した頃にはちょうど解凍されているといった具合です。名古屋のタルト店も同様です。その店では「冷凍タルト頒布会」というのを運営していて、全国のフルーツを仕入れて、タルトにして冷凍倉庫に置いてあります。

実は焼き芋の若者は音楽もやっています。自主開催でコンサートをやって、そこで焼き芋を売るのです。「通販で買った焼き芋を食べ終わったら、今度はコンサートにも来て一緒に食べましょうよ」というやり方です。それを繰り返すうちに、コミュニティがどんどん強固になっていって、固定ファンができあがっていきます。したがって売上のほとんどはネットからではありますが、戦略的に直販もしているというわけです。直販の売上は小さいですが、コミュニティ作りには欠かせないので、両輪でやっているのです。

▼二次流通も上手に使え

一次流通だけでなく、メルカリのような二次流通（中古市場）も上手に使うといいでしょう。メルカリなら自社ブランドがなくても、けっこうな売上を作ることができます。さらに個人が酒販免許なしで酒類を売ることもできるのです。消費税を払う必要もありません。

私もはねだし品をメルカリで売ったことがありますが、毎月30万円～40万円ぐらいにはなりました。あまり頑張りたくないというのであれば、メルカリだけでも生活は可能です。

▼質感・重量感のあるモノが求められている

ネットの普及で手触り感や重量感のないモノが普通になりましたが、その反動で質感・重量感のあるモノが流行っています。

たとえばコナズ珈琲のような店が繁盛しています。丸亀製麺が手掛けている、ハワイの民家のような空間で、ハワイで過ごす休日のような時間を提供するというコンセプトの業態です。丸亀製麺が仕入れに強みを持つ卵と小麦粉をパンケーキにして出しているのですが、その素材感、すなわち質感がすばらしいのです。

重いものの例だと、鉄瓶が今売れています。私も日本全国から要らなくなった鉄瓶を買い集めているのですが、それを店舗に置いておくと飛ぶように売れるのです。それだけ重量感、質感のあるモノが求められているということです。加工品が売れるのもそれと共通した心理があるように思います。

▼モノを通してコトを提供することでコミュニティが強化される

ステップ8の「仲間を増やす」とも大いに関連しますが、質感や重量感のあるモノが求められている今、コミュニティ作りに際してはモノとコトの両方が必要になっています。神社を考えてもらうとわかります。コトとしては初詣などがあるわけですが、ではモノは何かと言えば御札がそうなのです。年に1回、御札をお焚き上げしてもらわないといけない、ならば初詣に行こうということですよね。御札をお焚き上げしてもらったら、新しい御札をもらう。**定期的になくなるものを取りに行くというのがモノとコトを組み合わせる一つの形態になります。そう考えると農作物の良い点が見えてきます。それは食べたらなくなるということです。**

私が経営している古民家郷土料理店（完熟屋）でも、甲斐サーモンレッド（山梨で養殖している大型ニジマス）を仲間に振る舞うといった体験を通じて、コミュニティを強化するといったことをしています。モノを通してコトを作るには、やはり食べ物が最強だと思います。

私は前述したようにマキタの工具が大好きです。好きが高じて株も所有しているのですが、もちろん投機目的ではなく、会社を応援したくて買っているのです。仮に株価が下がって損をしたとしても、マキタの工具でＤＩＹすることで十分元を取っているので、手放そうという気はまったくありません。そんな風にしているうちに、マキタの社長にはお目にかかったこともないのですが、何だかマキタという会社に愛着が湧いてくるわけです。マキタの工具には毎日のように触れてますし、こんなすばらしい工具は他にないと思っていますから人にも勧めます。ということは、あまりにモノがすばらしいので、マキタのあずかり知らぬところで紹介マーケティングが成立しているということになるわけです。

▼年中行事化する

食べ物にもそのようなところがあります。おいしければ口コミで広がります。ただ工具と違うのは、食べ物は食べたらなくなるということです。したがって、毎年シャインマスカットを食べるために集まろうといった「年中行事」をやることで、コミュニティを強化することができるのです。

なくなる、なくならないにかかわらずモノを通してコトを作ることが重要です。それはモノには質感があるからです。たとえば本を書いている人がいて、自己紹介するときに紙の本を見せると、相手は「オッ」となるわけですが、これが電子書籍だと「ふーん」という感じになりがちです。

伊勢神宮だと内宮《ないくう》が精神世界で、外宮《げくう》が農業世界なんですね。外宮に農事で人を集めて、そこで一緒に収穫したり、祭りを見たり、食べたり飲んだりしているうちに絆が深まり、コミュニティになっていく。その後内宮の精神世界へとつながっていくという順序です。先に精神世界があるわけではありません。

だから頭のレベルで情報交換しているだけでは、深いコミュニケーションとは言えません。体が伴うことが重要です。情報交換と称して、たとえば一緒に飲みに行くとか、旅行をするとか、そういうことでコミュニケーションが深まっていくわけです。飲みニケーション、食べニケーションも上司が部下を無理矢理連れて行くというのは問題ですが、気の合った者同士なら絆を深める役割をはたしています。日本人は昔から「同じ釜の飯を食う」ことで紐帯《ちゅうたい》を強めてきたわけで、それが令和になったからと言って急になくなるわけではないのです。

絆を深めるための方法はいろいろありますが、その中でも農業の良いところは、お年寄りから子どもまで全員が参加できる瞬間があるということです。たとえばぶどう狩りに年齢制限などありませんし、どの年代でも楽しめます。誰が来ても何かできるイベントを企画することが可能です。

ＳＮＳも大切なのは言うまでもありません。Instagram や TikTok を活用して、積極的にプロモーションをするべきなのですが、しかしＳＮＳはあくまできっかけであり、そのきっかけと何かモノが結びついているほうがいいのです。そのモノを通してコトを作る。それが農ＦＩＲＥにおける事業の主要成功要因（ＫＳＦ）になります。

▼味で差別化するよりネーミングと世界観で差別化する

あとシャインマスカットと言えば品種名であり、ブランドでもありますが、必ずしも有名ブランドでなくてもいいのです。特に加工品はそうです。**たとえばサツマイモの代表的な品種に紅はるかがありますが、これに「蜜とろ芋」などと勝手に名前を付けてもいいわけです。**桃だと、白鳳とか浅間白桃といった品種がありますが、浅間白桃が一番おいしい。

その浅間に「とろ桃」と商品名を付けて実際に売っている人がいます。「とろ」はマグロのとろに掛けています。

昔は「お弁当のお米にコシヒカリを使っています」といったように品種名でブランディングしていたのですが、今はたとえばコシヒカリとひとめぼれと言っても、違いがよくわからない人が増えています。「どっちもおいしいな」ぐらいの感覚です。前述したように日本人の味覚が衰えているんですね。つまり舌で味わうというよりも「情報を食べている」という感じになっています。シャインマスカットにもいくつか種類があって、さすがに私たち生産者は違いがわかるのですが、一般の人でわかる人は珍しいと思います。しかし「シャインマスカット」と言うだけで、飛ぶように売れるのです。

千葉県八街《やちまた》産の落花生のように、多くの人がよそのとは違うと言うものもありますが例外的です。それでも中国産と区別が付かないという人はいますし、実際には何もラベルを付けずに並べていたらどちらもおいしいと食べる人は多いのではないでしょうか。実は中国にも桁違いにおいしい落花生があるのですが、日本では知られていません。知られていないのでニーズもありません。

三浦半島のすいかはおいしいとよく言われます。三崎港のマルシェに行けば、ズラッと三浦すいかが並んでいて、「どれがおいしいの？」と聞けば、親切にも「これが一番だよ。重さが違うでしょ？」といった感じで教えてくれます。実際おいしいのですが、どちらかと言えば「三浦のすいかはうまい」という情報と、地元の人に親切にしてもらった喜び、あとは三浦半島を車で走ると至るところに「三浦すいか」というのぼりが立っている、そういう「世界観」が、三浦すいかをよりおいしくしているのではないでしょうか。

▼Z世代を取り込めるかどうかが重要ポイント

これからの消費を牽引していくということで、マーケティングの世界ではZ世代が注目されています。**農FIREでもZ世代にどう対応するかは重要です。**まず環境に良いか悪いかが重要です。SDGsとかサスティナブルというキーワードをZ世代は大事にしているからです。私たちも無農薬にこだわっていますし、DIY、太陽光発電、自給自足といったサスティナブルなコンセプトで事業や生活に取り組んでいます。したがってZ世代にはウケがいいはずです。Z世代ウケを狙っているわけではなく、たまたまそうなっているだけなのですが、そうであったとしても、Z世代からそっぽを向かれるようなことをしているのなら修正が必要でしょう。

もう一つ重要なのは見た目がきれいなこと。いわゆる「映《ば》え」感があるかどうかです。農業と聞くと泥まみれでやるイメージがありますが、それではZ世代は振り向きません。コトとして農業体験を提供するにしても汚れるのは嫌なのです。ワークマン女子で売っているようなお洒落な作業着を着て、体を汚さず、あまり汗もかかずにぶどうを摘むといった体験を提供しなければなりません。その意味で水耕栽培や垂直農業はZ世代にも受け入れやすいものだと言えます。

ステップ5：ICTを利活用して販路を拡大する

▼Web2.0も使い続けつつ、Web3.0にも視野を広げよう

インターネット販売もSNSも今後ますます拡大していきます。コロナ禍でその勢いがさらに加速しました。ただ今までのようにAmazonや楽天に出品・出店して売るのがあたりまえという感じではなく、それも一つの有力な手段ではありながらも、ステップ4でも詳しく触れたようにコミュニティの中で販売していく形が大きく伸びていくのではないかと考えています。というのは、今後Web3.0的な動きが活発になってくると予想されるからです。

Web3.0とは、暗号資産などのプラットフォームであるブロックチェーンをベースとした新時代の分散型インターネットです。ブロックチェーンとは、あらゆる参加者同士

が1対1（ピア・ツー・ピア）で接続されていて、すべての取引履歴が複数のノード（場所）に同時記録されるため、改ざんが事実上不可能な仕組みのことです。ブロックチェーンの参加者には上下関係がなく、みな対等です。分散した対等な参加者が作るネットワークということでDAO（Decentralized Autonomous Organization　分散型自律組織）と呼ばれる組織形態と相性が良いとされています。

現在はWeb2.0の時代と言われており（中には2022年頃を境に変わったと言う人もいますが）、いわゆるGAFA（あるいはマイクロソフトを加えてGAFAM）というプラットフォームビジネスの雄が実質的にインターネットを支配していると考えられています。

とはいえGAFAMの功績は大きく、Web上で検索して答えが返ってくるのも、インターネットで簡単に買い物ができるようになったのも、SNSで知人・友人といつでもつながれるようになったのも、スマートフォンのある便利な社会になったのも、パソコンがビジネスや生活の有効な道具になったのも、すべてGAFAMのおかげであることも事実です。

Web2.0の時代より前は、個人が起業するのは並大抵のことではありませんでした。広告宣伝一つとっても大金が必要だったわけで、ビジネスを始めようと思ったら、何千万円もの開業資金が必要だったのです。

しかしWeb2.0の時代になって、誰もが低コストあるいは無料で使えるプラットフォームが普及したおかげで、「1円起業」などと言われることも可能になりました。しかし一方で多くのビジネスがこうしたインターネット上のプラットフォームなしでは成り立たなくなったため、プラットフォーマーと呼ばれる企業群が大きな力を持つようになったのです。

その反動として、対等な参加者がコミュニティを構成して民主的に合意形成するDAOが注目されるようになり、そのための新しいプラットフォームとしてプラットフォーマーを必要としないブロックチェーン（Web3.0の基盤技術）が注目されています。

現在言われているような理想的な形でWeb3.0が推移していくかはわかりません。またWeb2.0的なプラットフォーマーは今後も残っていくのは確実でしょう。YouTubeやInstagram、TikTokはWeb2.0的なものですが、我々だってこれらがいきなりなくなるとけっこう困ってしまいます。

ただ農FIREではここまで述べてきたようにコミュニティを重視していますので、DAO的な世界を実現するようなプラットフォームは歓迎なのです。それがブロックチェーンなのかどうかは別として、自律した対等な個人が結びつくのに便利なものが普及してくれれば嬉しいと考えています。

ＤＡＯ的なコミュニティができると生産者と消費者がダイレクトに結びつきます。その中で生産者と消費者が取引ごとに入れ替わってもいいのです。ＤＡＯの中で参加者それぞれが生産したものが回っていく経済圏ができれば、ＶＵＣＡ時代でも生き残りやすくなるのではないでしょうか。

▼Ｄ２Ｃでコミュニティを広げていく

農ＦＩＲＥは農協や流通業者、あるいは加工業者に農作物を卸すといったＢtoＢビジネスやＢtoＣビジネスといった従来型のビジネスは目指していません。至るところでマージンが発生するので、生産者である自分の手元にはあまり利益が残らないからです。しかしそれ以上に最終消費者の顧客リストが手元に残らないことが問題なのです。それではコミュニティは作れません。

私たちが目指すのは、Ｄ２Ｃ（Direct to Consumer）と呼ばれるビジネスです。中間流通業者を介さずダイレクトに顧客と結びつくビジネスを言います。加工品を販売する場合には加工も自力で行うのがベストですが、何かを買ってきて売るのでもかまいません。ネットであろうと対面販売であろうと、とにかく顧客と直接結びつくことを重視します。

私たちの目指すD2Cビジネスは、100万人を顧客にするビジネスではなく、1万人に100回販売するビジネスです。1,000人に1,000回でもかまいません。あまりにも顧客数が少ないのは問題ですが、多すぎても顧客マネジメントのためのコストがかかります。自分のビジネスの規模に適当と考えられる顧客数に絞って、そこから何度もリピートしてもらうことを目指すのが一番です。

日本にはD2Cコスメブランドの成功事例がいくつかあります。私がよく知っているのはSHIROというブランドで、コロナ禍の中で前年度比150%の売上を達成したことで有名です。SHIROはまさに100万人の顧客を持つよりも1万人に100回以上買ってもらうというビジネスにシフトして成功している例です。

ファーストステージであれば、メルカリなどの二次流通（中古市場）を活用するのもかまいません。消費者と直接つながることを体験することができます。

ステップ6：人手に頼らず仕組みで管理する

▼もはや人の労働には頼れない

日本中の企業が人材不足、労働力不足で悩んでいます。ＤＸ人材など高度なスキルを持つ人材が足りないなどという話ではなく、普通の労働者が不足しています。原因はもちろん少子高齢化です。外注すればいいと思うかもしれませんが、外注業者も人手不足です。自社が仕事を頼みたいときにタイミングよく見つかると思ったら大間違いです。普段から発注し続けていなければ、急に仕事を頼んでもやってもらえません。

地方の業者不足については既に説明した通りです。**自力で修理や加工ができなければ、農ＦＩＲＥは困難です。それだけではありません。人を雇うのも地方では困難です。**

では、農作物の管理を一人で寝ずにやらないといけないのでしょうか。もちろんそんなことはありません。ＩＴやＩｏＴというものが今の世の中にはあります。ＡＩも誰もが使えるようになってきました。IoTで使うセンサーはネットでも買えます。もちろん秋葉原にも売っています。値段はそれほど高くありません。

IoT構築でよく使われる制御用のコンピューターはRaspberry Pi（通称ラズパイ）というもので、これも数千円～数万円で買えます。本格的な工場の自動生産にも活用されている事例があるくらいですから、個人農家のIoT制御にはこれで十分です。あとは開発用のパソコンが1台あれば、ITとIoTによる農業の自動管理は可能になります。

ソフトウェアもChatGPTに相談すれば作れるようになりました。それでも自分で開発するのが難しいというのであれば、コミュニティの仲間に応援してもらう手もありますし、クラウドサービスを使う手もあります。

人間型ロボットも高性能低価格なものが今後出てくるでしょう。作業の一部をこうしたロボットに任せることも視野に入れてみてください。

それから書類はすべてデジタル化することです。紙の伝票や帳簿を使っている限り、面倒な事務処理を自分でやるか人を雇うことになります。自分でやっている暇はありません。そんな暇があれば、自己投資も含めて売上につながることに時間を使いましょう。

となると事務員を雇うかどうかですが、事務員1人を雇うコストはかなり大きいです。

それに何度も言うように労働者不足で、優秀な事務員を雇うのは本当に困難です。昔のように家族にやってもらう手もありますが、家族に手伝ってもらうのも、やはり売上や利益につながることにすべきです。そのほうが家族だって楽しいし、やる気も出るでしょう。

一時期、雇用を創出することが事業家の義務であると言われたこともありますが、今は雇用を創出したくても人がいないのです。もはや付加価値を生まない（売上が立たない）仕事で人を雇おうとは考えないでください。それはできるだけ機械やシステム、つまり仕組みで自動化することを考えてください。その意味で、ＣｈａｔＧＰＴは本当に便利です。まさに革命的と言えます。どうしても自動化できないことは、業務委託契約で外部に発注するようにしましょう。

▼どんどん進む自動化と「遊牧民」型の無人ビジネス

労働者人口が減るだけでなく、若い人の間に「労働はダサい」といった考え方が広まっていて、正社員になるよりも簡単に稼げる仕事にシフトしている傾向があります。またコンビニを見ていると外国人留学生の店員が目に付くようになりました。優秀な人が多いので、このまま日本で就職して日本の労働人口になってくれるとありがたいのですが、多くの人が帰国するか欧米に行ってしまいます。**要するに日本の労働人口は減る一方で、増える当てはないということなのです。だから農業もＩＣＴを活用して自動化していかないといけないわけですが、それは農業だけではなく、介護もそうですし、医療もそうでしょう。**工場では昔からオートメーションという自動化の取り組みがありましたが、物流なども既に倉庫の自動化・無人化が進んでいます。トラックの自動運転もこれから普及するでしょう。

それどころか接客業と思われていた小売業もどんどん自動化・無人化が進んでいます。コンビニもスーパーも無人レジが増えました。ユニクロもちょっと前まではお洒落な店員が接客してくれていましたが、無人レジが増えて、フロアから店員が減りました。

そんな中、無人の餃子販売店など、食料品の無人店舗が増えています。元々自動販売機という食品や飲料の無人販売はありましたが、無人店舗はもう少し規模が大きいものです。餃子をはじめとして、様々な食品の無人店舗がありますが、Amazon Go のように客の一挙手一投足を監視し、店を出ると自動的に決済も終わっているといった店はまだあまりありません。いちおう監視カメラはありますが、いくらでもタダで持っていけそうな感じがします。

日本には昔から、道路沿いに野菜や果物を置いて、料金は箱に入れてくださいといった無人野菜売り場、果物売り場があり、これと似ています。盗まれないか心配になりますが、ある程度盗まれることは想定内なのです。盗まれることで発生する損失よりも人を雇うコストの方が高いので成り立っているわけです。また餃子など加工食品は利益率もけっこう良くて、書籍のように万引きが1件でもあると書店にとっては大きなダメージになるということもありません。

どちらかというと飽きられるリスクのほうが大きいです。できたばかりの頃は、近所の人が物珍しさから購入してくれますが、そのうち購入者が激減します。そうなると別の空き店舗物件を探して、そちらに移動するのです。そうするとまたしばらくの間はよく売れます。**家畜が草を食べ尽くしたら、次の土地に移る遊牧民を彷彿とさせるビジネスです。**

地方だけでなく、都会にも空き店舗が増えているので、すぐに安く借りられます。それで無人店舗が増えているのです。農ＦＩＲＥで作った加工品を販売する際に参考になる業態だと思います。

目新しさを保てるのであれば、同じ店舗で続ける方法もあります。たとえば、春はイチゴタルト、夏はびわゼリーといった感じで、季節ごとに商品を変えていけばいいのです。

このように無人店舗ビジネスのアイデアはいくらでもあります。

ステップ7：収入の4つの柱を持つ

▼収入の4つの柱とは？

ファーストステージでは、4つの収入の柱があるといいなと考えています。1つ目は自分が既に持っているスキルで得る収入。過去の仕事の延長です。2つ目は、農業収入。3つ目は、現地でのアルバイト収入。4つ目が現地での家賃収入です。FIREと言いつついろいろ働くのだなと思ったかもしれませんが、軌道に乗るまでは、収入の柱が複数あるほうが安心です。

1つ目について補足すると、せっかく身につけたスキルを捨て去るのはもったいない。デザイナーとかプログラマーであればそのまま収入源になりますし、たとえば営業職だったとしても、地方では営業ができる人がなかなかいないので、それこそ会社に飛び込み営業をかけて、「成果報酬で営業をやらせてください」でもいいわけです。

2つ目はここまで散々説明してきました。農FIREの本業と言えるビジネスです。野菜や果物を栽培して、初期のうちは収穫したら加工品を作り、直接消費者に販売しましょう。顧客はリスト化し、数は多くなくても何回も買ってくれるリピーターに育てましょう。そのためにはモノを通してコト化することが肝心で、そうすることにより顧客コミュニティが生まれ、リピーターが増えていきます。

3つ目は現地で情報収集しながら人脈を作っていくのが目的です。それで小遣い銭も稼げれば一石二鳥、いや三鳥です。確実に稼げるのでついついアルバイトにフルコミットする人がいますが、それは危険です。目的を忘れてはいけません。

4つ目は定期的に入ってくる不労所得があると心強いわけで、それが家賃収入です。不労所得という意味では、もちろん投資でもいいのですが、せっかく自分で住宅を修理する技術を身につけたのですから、家やアパートを購入して、それを人に貸すことで収入を得てほしいと思うのです。具体的な方法は、本章の「ステップ3：投資を始める」で詳しく述べました。

リスクの対応策でも述べましたが、リスクは分散するのが基本です。いきなり農業だけで食べていこうというのはリスキーです。軌道に乗るまでは収入の柱を4つに分散し、少しでもリスクを抑えるようにするのが得策です。

▼地方で実入りがよく、人脈ができるアルバイトとは？

ここでアルバイトに関して、若干補足しておきます。

地方で稼げるアルバイトは季節性のあるものです。たとえば果物の出荷時期のアルバイトなどがそうです。農協関連のアルバイト、たとえば共選所（出荷物を選り分ける場所）などでのアルバイトは、人脈もできるのでお勧めです。

稼ぎを増やしたいなら、宅配便などの配送業が一番です。今後労働人口の減少で働き手は減りますが、需要は増える一方なので時給がどんどん上がると予想できます。配送を続けると土地鑑ができますし、住民との接触頻度も増えるのでいろいろな情報が得られるようになります。

アルバイトは最小限でいいというぐらい他の収入の柱がしっかりしているなら、情報収集のために、地元の消防団に入るとか、商工会議所に入るなどしましょう。情報が瞬時にいくらでも入るようになります。

ステップ8：仲間を増やす

▼基本はモノを通してコトを起こすこと

コミュニティを作ることの重要性について繰り返し述べてきました。「モノを通してコトを作り、コミュニティを強化せよ」と言いましたし、「コミュニティの中でそれぞれが生産したモノを販売し合うDAO的な経済圏を作れ」とも言いました。

これはアルバイトの項でも述べたように、物流業のコストがこれからどんどん上がっていくだろうということと関連します。配送コストがかかると、経済圏の物理的な大きさがどうしても小さくなってしまいます。したがって好むと好まざるとにかかわらず、顔を見知った人たちの間で分業して生産物を回すような経済圏が、グローバルな経済圏の他に必要になってくるのです。コミュニティに入れないと、よほどの大金持ちでもなければ、路頭に迷う時代がやってくるかもしれません。仮にそうならないとしても、コミュニティに

入る、あるいは作っておくことは無駄にはならないし、安心でもあります。

とはいえ、「仲間になってくれ」と言ってもそう簡単にはなってくれません。モノを通した何らかのイベント、すなわちコトを起こすことになります。既に例に出しましたが、民家を買って修繕したいという場合に、それを一人でやらないで、友人・知人を集めて、イベントに仕立てるのです。もちろんご飯を食べさせてあげて、それもできれば自分が作って加工した食べ物を振る舞う。そうする一方で、「週末はいつでも別荘代わりに使ってよ」とか、「次はみんなでこんなイベントをやろうよ」とか、とにかくコト化していくのです。「友達も連れて来てよ」と気軽に別の人も連れて来られるようにします。そのためには、何度も言いますが、都心から90分～120分で来られる場所を拠点にすることです。

中には一回来たらそれっきりという人もいるでしょう。しかし一方で、どハマりする人もいるはずです。毎回のように来てくれる人にはどんどん役割を与えていくことが肝心です。彼を主役にしながら、裏方のこともやってもらうのです。あと写真の腕がある人や動画を作れる人がいたら最高です。その人たちが作ってくれるコンテンツをスマホでパッと見せると、「これいいなあ！」と思う人が出てきます。そう思ったときに、やはり都心から90分～120分程度で行ける距離にあるなら、ちょっと試しに行ってみようかということになるわけです。

▼DIYがなぜコミュニティ作りに重要なのか？

みんなで体を動かして、農作業をしたり、住宅の修繕をしたりすることがコミュニティ作りを加速します。伊勢神宮の話をしました。外宮が農業世界で内宮が精神世界ということでしたが、要するに体を動かすことで、心が一つになっていくということが言いたいのです。

ＤＩＹは一種の会話で、深いコミュニケーションなのです。作業をしながら「こうだよね」「ああだよね」と会話しながら、動いたり休んだりしていると、交感神経と副交感神経が互い違いに刺激されて、大きなリラックス効果が働くのを経験します。

それから新しいこと、今まであまり経験のないことを始めるのも重要です。誰にでも悩みはあるものですが、新しいことを始めたり、新しい場所に行ったりすると、環境が変わって、自分を客観的に見られるようになります。すると今までの悩みが過去のこと、もう過ぎ去ったことのように思われます。新しいことを始めるに当たって、心が癒やされるのですね。

しかし、ただ集まって一緒に作業をしているだけでは効果は薄いです。中心になって旗振りをする人が必要です。モデレーター、ファシリテーター、コーディネーター、ディレクター、ナビゲーターなど呼び名はいろいろありますが、いずれにしても集まってくれた人たちに次々と役割を振っていき、全体を盛り上げていく人がいるとコミュニティが強化されます。

旗振り役が主役ではなく、振られた人が自分が主役だと感じられる場作りができれば、コミュニティはとても強いものになります。次回も何かイベントがあれば参加したいとみんなが思うからです。旗振り役は旗振り役で、そのような場を作れたことに充実感を覚える人が適任です。

▼コミュニティをセーフティーネットにすることが最終目標

農ＦＩＲＥのファーストステージにおける8つのステップについて説明してきました。このあとセカンドステージ、サードステージとあって、どんどん収入が増え、同時に余暇も増えていくことになります。そのためにはどうすればいいか、そのヒントを次章に書いていきますが、その前に私が最終的にはどういうところを目指しているのかについて少し書こうかと思います。

少子高齢化は日本だけでなく世界的な傾向で、このまま進んでいくと、労働人口がどんどん減っていくのは明らかです。リタイアした労働者がいずれは介護を受けるということになると、そうでなくても労働人口が少ないわけですから、介護が行き渡らないことになります。そこでどうしても人間でしかできない仕事だけ残して、それ以外は自動化していくしかありません。介護のロボティクス化が今後急速に進んでいくことになるでしょう。ただ国の介護保険なども本当に続くのかどうか疑問です。年金も同様ですが、国のセーフティーネットがどんどんほころびていくのではないかと心配する人も多いでしょう。

そうならないかもしれませんが、なる可能性があるのであれば、何らかの自助努力をしておくに越したことはありません。**ただ自分や自分の家族だけでできることには限界があります。そこでコミュニティをセーフティーネットにしていきたいと考えているのです。**

DAO的なコミュニティを形成し、その中にものすごく稼げる人が100人に1人いるのなら、その人が残りの99人を養ってあげてもいいのではないかという発想です。その代わり助けてもらうほうにも何らかの仕事をしてもらう。どうしても働けないという人は別として、農業であれば何らかの仕事があります。そういうことをやってもらって、自分自身に価値を見出してもらうのです。

今の会社社会では60歳で定年になって会社から放り出されて、あるいは再雇用で給料が半分になって、自分にはもう価値がないと思い込む人がたくさんいます。その点、農業であれば、体が動かなくなるまでは何らかの役割があります。

体を動かすだけではありません。今の農業はハイテクですから、エンジニアやプログラマーといった人にも役割があるし、５次産業であることを考えればデザイナー、カメラマン、動画編集者、ライター、コピーライターにも活躍の場があります。

人間、一日ぼーっとして、自分には価値がないと思っていると、認知症にもなります。しかし何らかの役割を与えられて、働いているうちは頭も体もしっかりするものです。農ＦＩＲＥは超高齢化で生じる様々な問題に対しても有効な対策になるのではないでしょうか。

まとめると農FIREを推進することで、老後のセーフティーネットとなるコミュニティを樹立し、またコミュニティで働くことで高齢者が元気で暮らせる年齢を押し上げていきたい——これが私の考える「農FIRE」の最終目標なのです。

第5章

収入を増やし、資産形成する

▼落とし穴には気をつけろ

本章のタイトルは「収入を増やし、資産形成する」ということで、セカンドステージ以降の話になります。ファーストステージを達成し、農ＦＩＲＥがある程度軌道に乗ってからどうするかということです。

既にこの段階で、ある程度資産ができている人も多いと思います。あとは資産を増やしながら労働時間を減らして、自分の楽しみや学びに使える時間をどんどん増やしていきたい――その方法をお伝えするわけですけれども、その前に重要なことを伝えておきたいと思います。

それは、既に何度か触れていますが、「お金は集めるよりも、有効に使ったり、人に騙し取られないように守ったりするほうが何倍も難しい」ということです。

お金を有効に使うという意味では、まず無駄金を使わないことが大切です。お金が稼げるようになるとついつい無駄金を使ってしまうものですが、結局後悔することになります。無駄金を使って後悔するのはけっこう精神的につらいもので、それならまだ税金として納めることで、人のためになるほうがずっといいという気持ちにさえなります。

せっかく稼いだお金は自分あるいは事業への投資として、さらにお金を稼ぎ出す「生き金」として使いたいものです。**しかし、お金を持ったことがない人は、何が生き金で何が無駄金か意外とわからないものなのです。**それがわからないと1億円を超える貯金があったとしても、アッと言う間に失う恐れがいつまでもつきまとうことになります。

無駄金を使うことよりも恐ろしいのは、詐欺や詐欺まがいの話です。これらから自分を守る術を身につけなければなりません。

かく言う私も、取込み詐欺で何千万も騙し取られたことがあります。取込み詐欺というのは、取引を装って商品を受け取り、その代金を踏み倒すというもので、日本中にたくさんのプロの取込み詐欺師がいます。欲につけ込んでくるというより、普通の業者よりもずっと信頼できそうな人が巧みな演技で騙すというものです。つい見ず知らずの人を信用してしまって騙されるのです。そして騙し取られた商品が返ってくることはまずありません。

とにかく詐欺師はお金の匂いがするとどこからともなくやってくるものです。様々な手口について研究し、きめ細かいチェックをしないと、いつ騙されるかわかりません。私も騙されるたびに反省し、手口を学び、少しずつ詐欺対応のリテラシーを高めてきたのです。

オレオレ詐欺などの特殊詐欺も冷静に客観的に見ていたら騙されるほうが馬鹿に見えますが、実際には巧妙に人の心理をついています。だから令和3年だけでも、被害額が282億円、被害件数は1万4498件にも及ぶのです。被害総額については以前よりもだいぶ減りましたが、件数はあまり減っておらず、令和2年から3年にかけては増えました。

お金を稼ぐことも重要ですが、まずは失わないことを考えることが大切です。

▼ルールは変わるものと考える

お金を失いやすい人の特徴として、今のルールがいつまでも変わらないと考えて、変わってから慌てるということがあります。

たとえば税金や社会保険料は、いつ増やされるかもわかりません。消費税率が10％で終わるとは考えにくいことです。この先15％、20％と上がっていくと考えて、備えておくべきなのですが、お金のリテラシーが低い人は備えをしません。

ただ所得税や消費税などの引き上げは国会で審議、採決されるもので、選挙の争点にもなりますし、マスコミも騒ぎ立てるので簡単にはできません。しかし社会保険料の料率はあまりマスコミに取り上げられることもなく、いつの間にか高くなっていることがよくあります。たとえば国民健康保険料はこの10年ぐらいでかなり高くなりました。自営業だからといって必ずしも国民健康保険に加入しなくてもよく、もっと保険料が少なくて済む方法もあり得ます。そのことを知らずに高い保険料を払っている人はたくさんいます。

消費税についても、これまでは課税売上高が1000万円以下の業者は一律に納税を免除されていました。しかしインボイス制度が始まると、基本的に今まで通り免税事業者のままでいると消費税が請求できなくなります。したがって消費税を請求したいのであれば、売上高に関係なく課税事業者にならなければなりませんが、そうなると今までよりも消費税の半分に相当する収入が減ることになります（特例あり）。では免税事業者のままでいればいいかと言えば、それだと消費税分丸々収入が減ることになり、さらに収入が減るわけです。しかし、このような重大な変更もマスコミはあまり報道することがありませんでした。そのため会計ソフトのCMなどで言われるようになって初めて知った自営業者がたくさんいたりします。

ふるさと納税もいつ取りやめになるかわかりません。そうなると都会に住む人はいいのですが、**農FIREで地方に拠点を持つようになった人は大変なことになるかもしれませ**

ん。ふるさと納税に税収を依存している市町村がけっこう多いからです。これらの市町村はふるさと納税が終わったら、固定資産税や住民税を引き上げるなど何らかの形で税収を確保するしかありません。もちろん住民から取るわけで、あなたが拠点とした市町村は大丈夫なのかを調べ、大丈夫でなければ何らかの対策を打つ必要があるわけです。

年金についても支給開始年齢がいつ上がるかわかったものではありません。このまま少子高齢化が続けば、支える世代の人口が減るわけですから、支給額を減らすか支給開始年齢を上げる、あるいは両方やるしかないのは火を見るより明らかです。年金がまったくなくなることはないとしても、医療のレベルはものすごく上がっているので、本当に平均寿命が１００歳、あるいはそれ以上になるかもしれません。それまでを年金だけで暮らすのはおそらく不可能になるでしょう。

このように今ある様々なルールは、いつ変わるかわかったものではありません。また変わると決まっているものでも知らないこともあるでしょう。ルールは変わるという前提で、いろいろと情報収集し、対策を立てる必要があるのです。

▼資産を守るために詐欺対策のリテラシーを高める

先ほど詐欺の話をしましたが、その中でもポンジ・スキームに引っかからないように気をつけないといけません。

ポンジ・スキームでは、「運用益を配当金として支払う」と言って資金を集めますが、そのお金を実際に運用することはありません。はじめの頃は、新しい出資者からの出資金が配当金として支払われるので、それでコロッと信じる人が後を絶たないのですが、しばらくすると新しい出資者がいなくなります。出資者がいなくなると詐欺師たちはどこかに行方をくらまします。つまりいつか破綻することを前提に、お金を騙し取る手法なのです。

ここ数年、暗号資産（仮想通貨）の運用を名目としたポンジ・スキームが流行しており、有名なお笑い芸人が関与したりしていて、一般の人にも知られるようになりました。

特徴としては、一見将来性のありそうな投資先や新しい資産、あるいは仕組みが複雑であまりよくわからない資産（暗号資産などはまさにこれに当てはまります）への投資を呼びかけるものが多いようです。これらに当てはまるようでしたら、まずはポンジ・スキームでないかと疑いましょう。

もう少し具体的に言うと、元本保証付で年利10％を超えるような金融商品であれば、まず間違いなくポンジ・スキームです。また「ここだけの話」も怪しいです。特にセミナーで人を集めてそういう儲け話をするのは、ほぼポンジ・スキームと思って間違いありません。儲かったという人は初期の投資者でしょうし、サクラも交じっているかもしれません。しかし大勢の人が浮かれているとつい自分も乗りたくなってしまいがちです。

詐欺に関しても、ネットでたくさん紹介しています。一日でいいから、詐欺について調べる時間を取ってみてください。それだけでも騙される確率は減ります。逆にそのぐらいの努力でも騙されにくくなるほど、日本人は詐欺に対応するリテラシーが低いのです。そうしているうちにも新しい詐欺の手口が生まれているかもしれません。既存の手法もどんどん進化を遂げています。日々勉強するしかありません。

詐欺を立証するのは非常に難しく、警察が動いてくれることも稀です。イタチごっこになるので、何百人も被害に遭うような詐欺、つまりマスコミが大騒ぎするような詐欺でないと警察は重い腰を上げてくれないのです。だから詐欺師になる者が後を絶ちません。詐欺についてよく知らない人も多いので、知らずに詐欺に加担している人も出てきます。もちろん知っていて詐欺に加担する人もいます。どちらにしても実際に詐欺行為を働くのは末端で、彼らは詐欺のスキームを書くような上層部とは会ったこともないということもよくあります。実際の詐欺現場に現れる末端をいくら捕まえても、上層部を捕まえない限り詐欺はなくなりません。しかし上層部を捕まえるのはこの上なく難しいのです。

したがって私たち自身のリテラシーを高めるしか、詐欺に引っかからない方法はありません。あるいはリテラシーの高い人とコミュニティを組むことです。

私たちが詐欺に引っかかるときの心理状態は「楽して、何かに成功したい」というものです。これらは詐欺ではないですが、「聞き流すだけで英語ができるようになる」とか「飲むだけで1カ月で10kg痩せる」とか「塗るだけで永久脱毛できる」といった商品に私たちは騙されがちです。すぐに効果が出るはずの商品が売り切りではなくサブスクであったとしたら、怪しいと気づくはずなのに、楽をしたい気持ちからちょっと試すぐらいならと思ってしまうのです。そうしてなかなか解約できなくて無駄な時間を使い、ストレスを募らせることになります。詐欺ではないですが、詐欺まがいと言われても仕方のない商法だと思います。

取込み詐欺でも、相手がプロということもありますが、結局は相手をきちんと調べるのが面倒、とにかく早く現金化したいといった「楽をしたい気持ち」につけ込むものです。

簡単で楽にお金を増やす方法はありません。お金を増やすには自分自身で作った仕組みに頼るか、信頼できる金融機関のローリスク・ローリターンの金融商品（年利4％ぐらいまでのもの）を買うことです。友人でも簡単に出資してはいけません。ましてや知らない人など論外です。未上場企業も危険です。未上場企業だから怪しいという意味ではなく、よくよく調べてから信用することが大切だということです。

またいわゆるあぶく銭ができたときも危険です。そういうだぶついたお金を持っているときはつい勝負に出たくなるものです。競馬で調子がいいときに、「今日はツイてるから」と最終レースに全部つぎ込んで、無一文で帰宅するパターンと同じです。

ホームランを狙うよりもエラーをしないこと――これがお金を増やすための鉄則と思ってください。このことが心に刻み込まれていれば、詐欺に引っかかることもなくなるでしょう。

▼儲けている会社は確実なスキームでコツコツ稼いでいる

ポンジ・スキームの話をしつこくしますが、それはポンジ・スキームには詐欺のエッセンスが詰まっているからです。ポンジ・スキームとネズミ講は破綻が前提になっている点で共通していますが、詐欺の多くはそうなのです。

破綻が前提になっていることをもう少し分析すると、それは少ない元手で楽して大きく儲けたいという気持ちにつけ込むということなのです。前述したように楽して儲ける手段はありません。しかし一見楽して儲かりそうな話は存在します。そのような話はポンジ・スキームもそうだし、ネズミ講もそうなのですが、最初の一時期は本当に儲かるのです。しかし「楽して儲ける方法はない」という法則は絶対なので、そのうち破綻することになります。仕組みを考えた者は、そのことをよく知っているので、破綻を前提にいつどうやって逃げるかをしっかりと設計するのです。

仮に楽して儲ける方法があったとしても、どうして見ず知らずのあなたに教えてくれようとするのでしょうか。友人が誘ってくるケースもありますが、いずれにしても別にあなたに教える筋合いはないのです。教えてくれる理由はただ一つ、あなたの詐欺対応のリテラシーが低そうなので、騙しやすいと思ったからです。

ポンジ・スキームやネズミ講に騙される前に、1日4万円売り上げる方法を考えるようにしましょう。方法は合法なら、直販でも転売でも何でもかまいません。その方法で7店舗展開できれば、年商1億円を超えます。なぜ7店舗かと言うと、1店舗で1億円だと1日27万円以上の売上がいるので、ちょっと難しくなり、リスクが高まるからです。店舗を分散しておけば、売れない店舗があって、1億円に達しないとしても、全体としてはある程度稼げます。しかし1店舗に集中してしまうと、その店舗が儲からないと全部駄目になってしまいます。リスクを分散することがやはりここでも鉄則になるのです。

スターバックス1店舗の1日の売上はもっとあるかもしれませんが、スターバックスにしてもマクドナルドにしても吉野家にしても、店舗数を増やすことで少ない売上の店舗があっても、全体として売上を増やすことを考えています。店舗数も適正値があり、むやみに増やすのは考えものですが、ある程度まで増やすことはリスクヘッジになります。そうすることで各店舗はあまり無理せず堅実に稼げばよくなるからです。

1日4万円の売上というのは、実は現実的な数字で、飲食店だとどんなに入らなくても3万円は割らないという統計値があります。それより1万円多いということであれば、工夫次第で達成できる数字です。

とにかく堅実さが大切です。しつこくポンジ・スキームについて言及しているのは、どうしても詐欺に引っかかってほしくないからです。私も何度か詐欺に引っかかったことがあると書きましたが、そこから立ち直れたのは、ある程度リスク分散していたこともありますが、運がよかったのも大きいと思っています。

詐欺に引っかかると、そこで人生を棒に振る可能性が高いのです。お金も友達も根こそぎなくなることもあり、そうなるとほぼ立ち直ることはできません。どうか堅実に亀の歩みで前に進んでください。そうすることであなたのスキルは少しずつ高まっていきます。そしてあるときを境に雪だるま式に大きくなっていきます。そのことを信じて進んでいってください。

人生に楽なワープはありません。しかし積み重ねたものが仕組みとして動き始めたら、大きな富がもたらされるようになります。焦らず仕組みを作っていきましょう。世界の富裕層は例外なく、堅実な仕組みを作り上げることで富を築いたのです。

▼貯蓄を投資に回して資産を運用する

暗い話が続きました。以下は、積極的に資産を作る方法についてお話ししていきたいと思います。

今どきの利率では、お金を銀行に預けても仕方ありません。ならば投資ということで、株を買ったり、投資信託をしたりするのもいいですが、それよりも不動産に投資するのがお勧めです。不動産は盗まれにくいからです。**不動産に投資すると言っても、マンションを転売するといった話ではなく、家賃収入を得るということです。**自分で安く購入した家を、身につけた修繕スキルできれいにして人に貸すのです。地方ですから家賃は安いですが、毎月不労所得が入ってきます。

金融商品ですと、アメリカのインデックス投資、たとえばＶＴＩ（Vanguard Total Stock Market Index Fund ETF）やＶＯＯ（Vanguard 500 Index Fund ETF）がお勧めです。レバレッジは小さいですが、少しずつお金が増えていくことを実感できると思います。ＶＴＩもＶＯＯもコロナ禍で２０２０年から２０２１年にかけてかなり上がった

VTIの基準価額推移

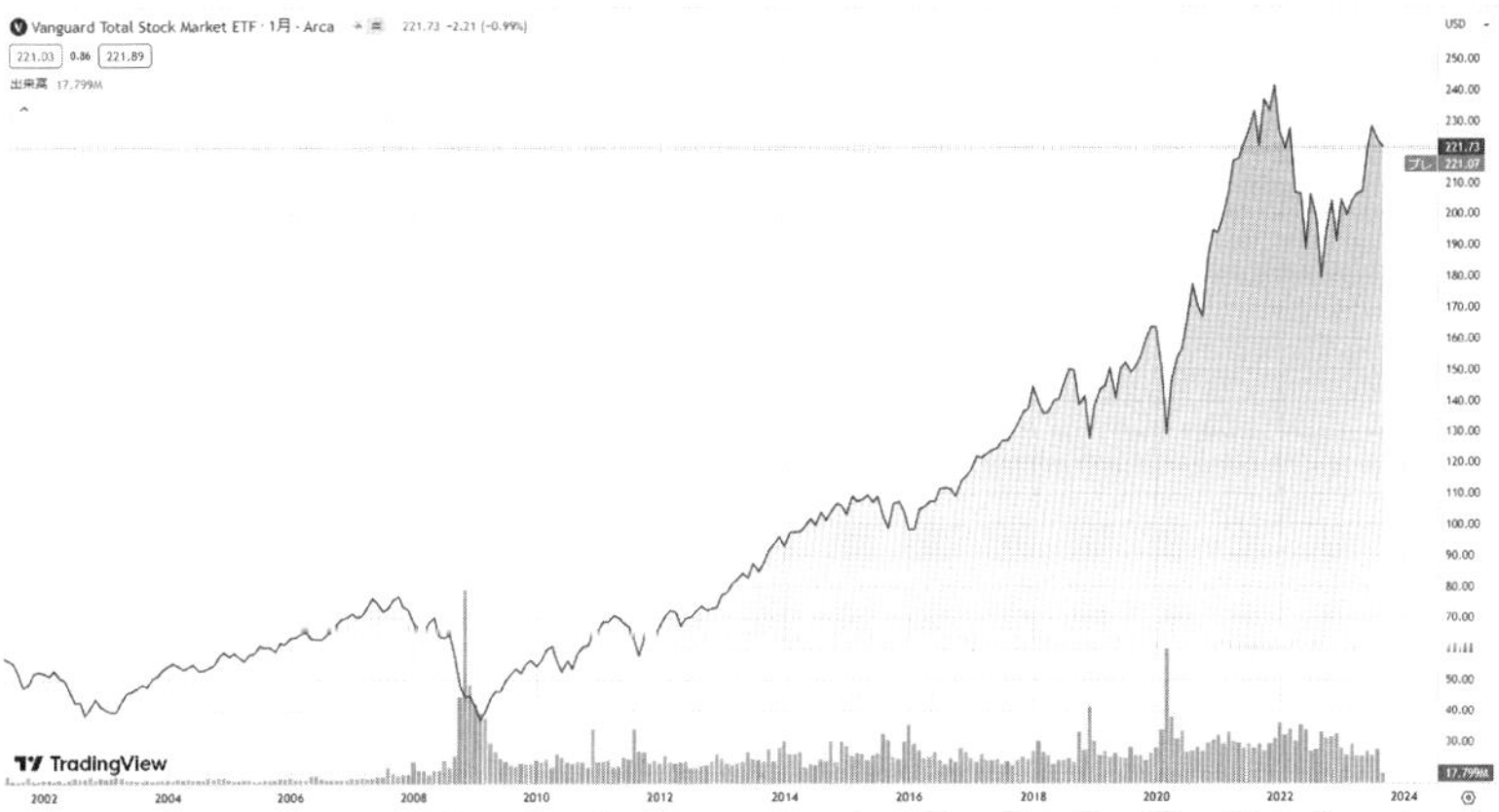

出典：TradingViewを用いて作成したチャートです

VOOの基準価額推移

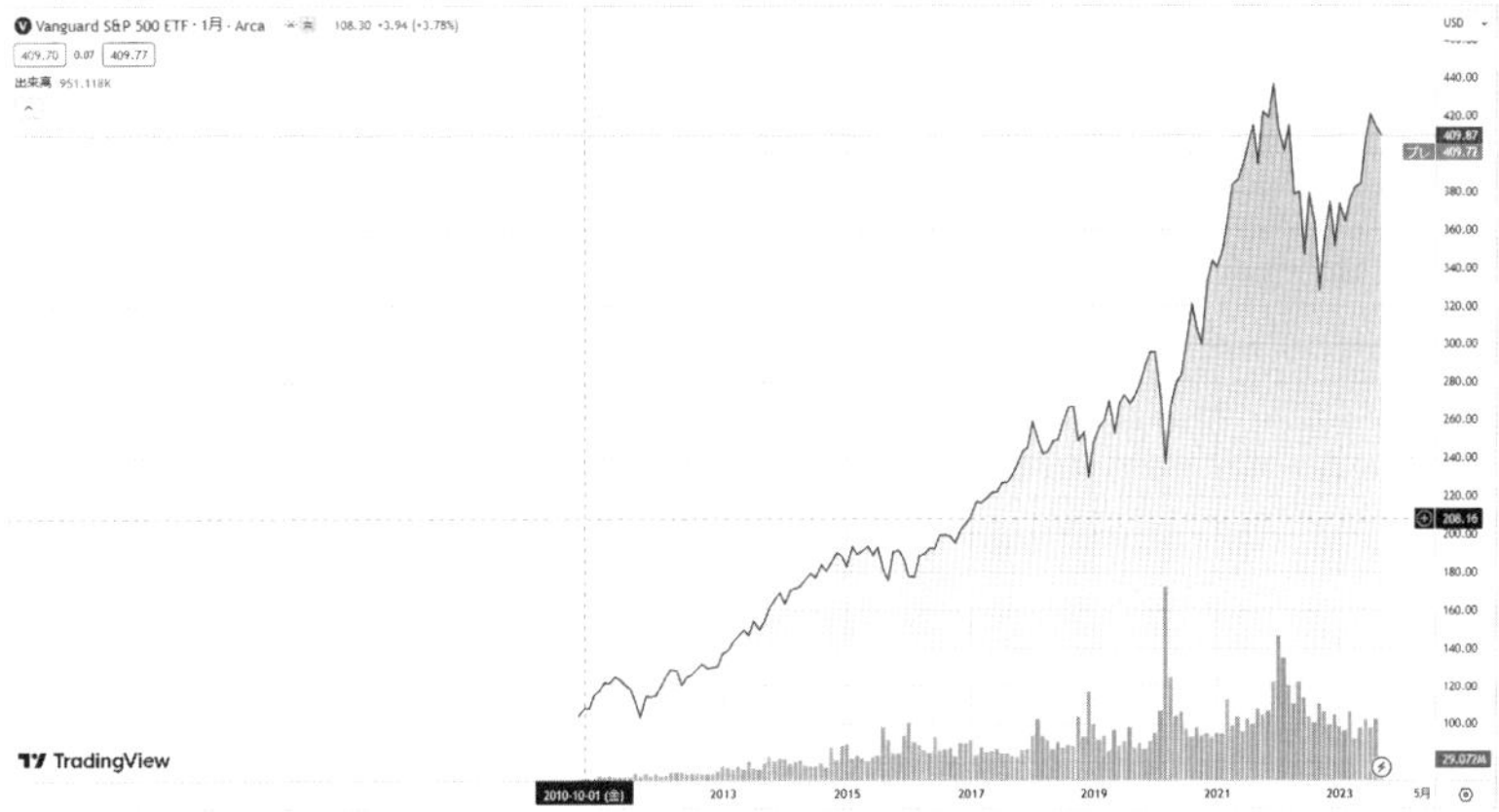

出典：TradingViewを用いて作成したチャートです

のですが、2022年からは値が戻ってきています。とはいえ長いトレンドで見れば、どちらも上がっていくはずなので、長く持ち続けていいと思います。

楽天証券などで簡単に購入できますから試してみてはいかがでしょう。もちろん余剰のお金ができてから、ポートフォリオの一つとして組み入れていけばいいかと思います。

しかし何よりも盗まれにくく、一生使える可能性があるのはあなた自身です。自分に投資する、すなわち自己投資こそが最も有効な投資ではないでしょうか。

自己投資でコスパが最も高いのが読書だと私は思います。ネットから情報を得ることはできますが、私の感覚では信頼度が70点ぐらいで、正しい情報かどうかを見分けるのにけっこうコストがかかるように思います。

その点、まともな出版社から出ているビジネス書や実用書の信頼度は抜群に高いです。それが1、000円~2、000円ぐらいで手に入るわけです。100万円も本を買って読めば、かなりの知識が身につきます。実際にはブックオフやメルカリなど中古の書籍を手に入れる方法はいくらでもあり、もっと安く手に入れることも可能です。お金がなければ図書館に行けばいいのです。

高額なセミナーもあります。2時間で5、000円ぐらいから始まり、上限はありません。しかしそんなに秘密めいたことを教えてくれることは稀で、YouTubeでも同じレベルのセミナー動画が公開されていることも多くなりました。セミナー講師の話術は参考になりますが、本を買って読んだほうが同じレベルのものをずっと安く得られるのではないでしょうか。ポンジ・スキームの集客のためのセミナーも最近多いようなので、儲け方を教えてくれるセミナーは避けたほうがいいかもしれません。

あとこれも何度か言及しましたが、**道具にお金をかけるのも良い自己投資になります。パソコンでもマキタの工具でもカメラでも仕事の幅を広げてくれるものと捉えれば、道具を買うことが自己投資だという意味がわかるでしょう。**プロ用の道具が安く買えるようになりました。昔は20万円とか30万円していたものが、今はその10分の1ぐらいの値段で買うことができます。特に日本の機械は安くて高性能です。斎藤製作所という会社のドローンのエンジンが高性能かつ低価格のため世界中で売れています。同じような日本製品はいくらでもあり、コスパを考えるとまずは日本製から検討するのがいいと思います。

Appleの株価推移

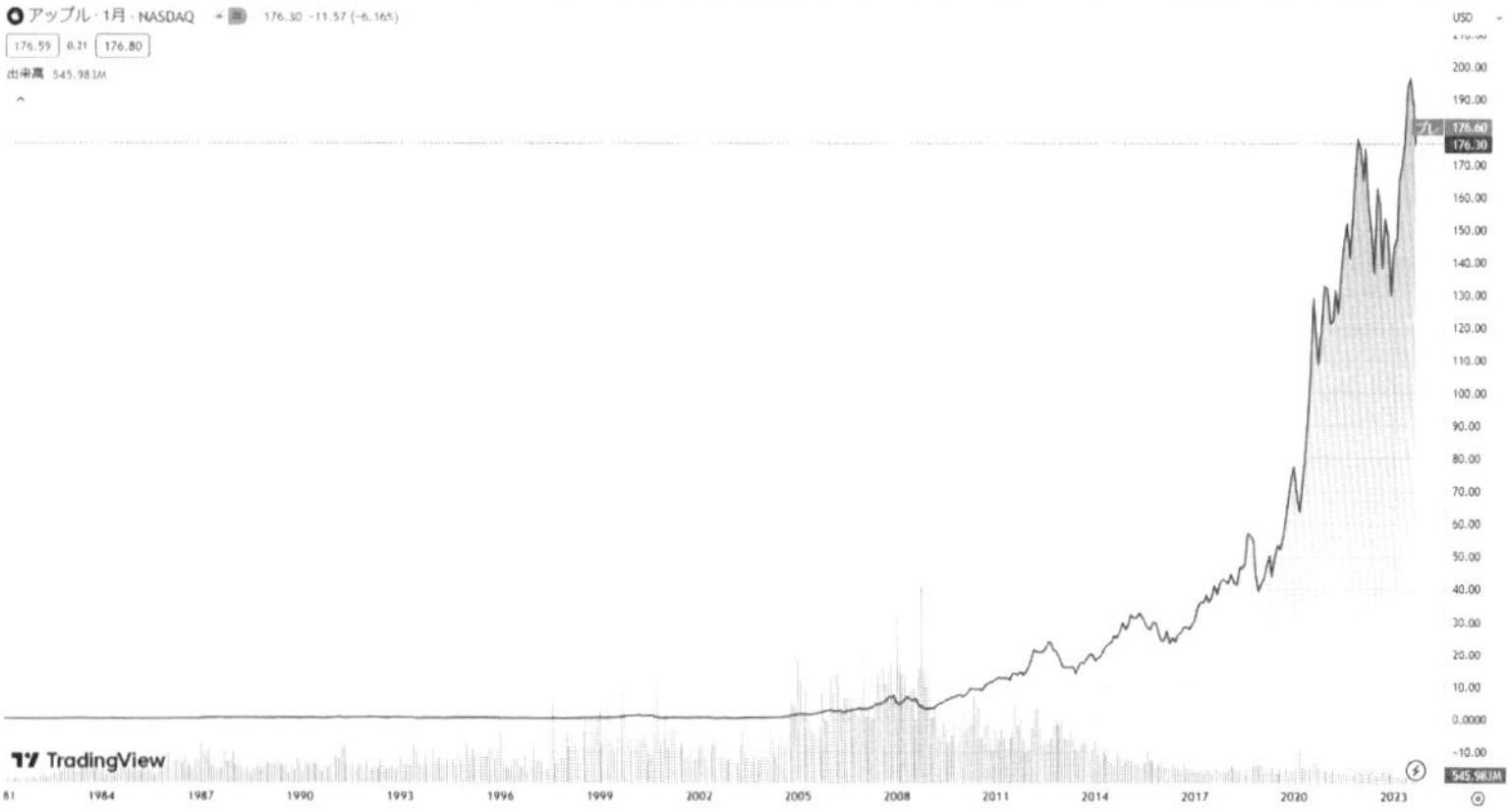

出典：TradingViewを用いて作成したチャートです

▼株式投資は愛する会社に

私はApple製品が好きです。だからAppleの株も持っています。iPhoneが私にとってのイノベーションを巻き起こしてくれたことは間違いのない事実です。右手にiPhone、左手に鍬で、私は農業ビジネスを興してきました。だからAppleを応援しているのです。

株価が上下しようと関係ありません。私は既にiPhoneから多大な利益を得ています。株価の変動で一喜一憂することはないのです。

マキタの株も持っています。こちらも

株価は変動します。しかし私はマキタのインパクトドライバー一つで何億円も稼がせてもらったと思っています。株式に投資したお金以上に、マキタの製品でリターンを得ているのです。

Appleにしてもマキタにしても、競合は数多く存在します。その中でApple製品もマキタ製品も、少し値段は高いのですが、良い部品を使っていて、耐久性もすばらしい。結局はお買い得なのです。

私にとって株とは、応援したい会社と一緒に世界を変えるためのチケットなのです。あなたもそういう会社を探して、その株を持ち続けることです。それほど惚れ込める会社の株なら値が上がる可能性が高いですし、仮に紙くずになったとしてもあきらめがつきます。

▼節税対策も立派な投資

日本は累進課税の国ですから、お金を稼げるようになると納める税金が急に多くなります。ただし日本の累進課税は「超過累進課税」と呼ばれるもので、基準額を超えた分だけその税率がかかるというものです。

所得税の計算表

課税される所得金額	税率	控除額
1,000円から1,949,000円まで	5%	0円
1,950,000円から3,299,000円まで	10%	97,500円
3,300,000円から6,949,000円まで	20%	427,500円
6,950,000円から8,999,000円まで	23%	636,000円
9,000,000円から17,999,000円まで	33%	1,536,000円
18,000,000円から39,999,000円まで	40%	2,796,000円
40,000,000円以上	45%	4,796,000円

出典：国税庁ホームページ「No.2260　所得税の税率」

たとえば課税される所得金額が340万円だとしたら、その20％が所得税になるのではなく、194万9、000円までについては5％、195万円〜329万9、000円までは10％。そして330万円を超えた10万円分については20％の税率で所得税がかかるというもので、比較的「やさしい累進課税」と言われています。実際の税額は所得税の計算表を使えば簡単に求められるようになっています。課税所得が340万円なら、それに20％を掛けて、表の控除額の欄にある427、500円を引いた252、500円が実際の税額になります。ただ「やさしい」とはいえ、課税される所得金額が5000万円だとすれば、所得税は約1770万円になるわけで、そうなると節税したいと思うのが人情ではないでしょうか。

そこで節税について考えたいのですが、その前に納税とはどういうことかをまず考えようと思います。納税観が違うと節税観も変わってくるからです。**私は納税というのは国（や自治体）への投資だと考えています。**政権が変わるとまた変わってくる可能性もありますが、とりあえずは国（政府や与党）が掲げる「こういう日本にしていきたい」というビジョンがあり、その実現のための資金源が税金だと考えるわけです。そこで国の持っているビジョン、すなわち世界観に全面的に賛同するのであれば、黙って税金を納めればいい。しかしそれだけでは足りない、国のビジョンとはまた違う自分なりに実現したいビジョンがあるのであれば、そちらにも投資する。事業をしているのであれば、投資した分は経費とみなされて、投資額の全額ではないですが、所得から控除されることになります。それが節税というのが、私の節税観です。

国としてはどちらでもいいはずです。直接税として入ってこない分も消費税などの間接税で入ってきますし、あなたの投資（＝節税）があなたの事業を成功させて富を生むのであれば、そこから直接税として結局国庫に入ることになります。

日本は、高い税金に見合うサービスが受けられないという「国のコスパ」が悪くなってきています。そうであれば自分の事業に投資したほうがコスパが良いことになります。税金を払うよりも事業で稼ぐほうがもっと世の中の役に立つかもしれないわけです。そう思うのであれば、自分の身の回り30分圏内のエリアに事業として投資するほうが、周囲も自分も幸せになるのではないでしょうか。

なおここで言っている投資は、金融投資のことではありません（それは別の項で説明しました）。事業投資ですから、本来は設備投資のことですが、自己投資も含みます。DIYの道具を買ったり、本を買ったり、セミナーに参加したり、旅行して見聞を広めたり、そういったことに使うお金です。節税ということであれば、これらを経費で落とせばいいわけです。

なお節税と聞くと納税額を減らして、手元に現金を残すことと考える人も多いと思うのですが、それは基本的に難しいことです。そうではなく設備投資、自己投資という形で原価化、経費化することです。それが富を生み、結局はお金を増やすことにつながるのです。

▼未来に投資するという考え方

節税で現金を手元に残すことは難しいと述べましたが、そもそもファーストステージで、何億円もの現金を残すことは難しいと言えます。それに「お金のコスパは悪い」と述べたように、現金は目減りしていくものなのです。これは円安でなくても目減りするもので、将来の資産価値を計算するために「割引率」という考え方があるのをご存知の方も多いでしょう。

簡単に説明すると、お金は運用すれば増えるという前提がまずあります。どういう運用をするかで増え方は違いますが、仮に1年間の利回りを4％としますと、今持っている10、000円は、1年後には10、400円になります。逆に計算すると、10、000円の1年後の現在価値は、10、000円÷1.04＝9、615円となります。どういうことかと言えば、10、000円を運用せずにタンス預金しておいたら、1年後には9、615円に目減りするということなのです。この仮定した利回りを割引率と言います。

この4％というのはFIREの4％ルール、すなわち、それほどリスクの高くない資産運用の利回りです。仮定としては悪くない数字で、しかも割と低めの設定です。いずれにしても現金は持っているだけでは目減りします。さすがにタンス貯金にする人は少ないでしょうけれど、2023年10月現在では、メガバンクだと定期預金の年利が0.002％です。1億円を1年預けても、2、000円しか利息が付きません。SBI新生銀行の0.

3％が高い金利で、これだと30万円の利息が付きますが、1億円の元手があればもっと稼げるはずです。

だから最初は苦しいかもしれませんが、お金をつぎ込めば、それが新たにお金を生む仕組みを、まずファーストステージのうちに作り上げることです。そうすればセカンドステージ、サードステージになるに従い毎年数千万円のキャッシュを残すのも難しくなくなります。

そうなったときに多少贅沢しても月100万円もあれば、つまり年間で1200万円ぐらいの現金があれば、それ以上を生活費として使うのもなかなか大変です。何しろ家もあるし、食べ物は作っているし、本代や道具代などは自己投資なので結局は事業経費になるわけです。それ以外に月100万円も何に使うのでしょうか。だったら使わないお金は、全額事業と自己に投資すればいいのです。それで節税もできるわけで、一石二鳥どころか三鳥の効率的なお金の使い方だと言えます。

ところが、なぜか日本人には貯金信仰が蔓延《まんえん》しています。現金を銀行に預けていれば安心で、預金通帳の残高こそが資産という考え方が主流なのです。VUCA時代、銀行だって生き残りを懸けて必死なのです。**破綻する銀行が出てもおかしくない時代に、銀行預金**

が安心というのも浮き世離れした考え方です。

お金はあの世にまでは持っていけません。莫大な財産を残しても、残された側は多額の相続税を払わないといけません。それに遺産争いが起こるかもしれません。現金を残すよりも、遺族としてはお金を生む仕組みを残してもらったほうがずっと助かるでしょう。お金は持っていけなくても、死ぬ間際にすばらしい思い出に浸ることは可能です。思い出は貯金の多寡でなく、どれだけお金を有効に使ったかで違ってくるものです。

農FIREのいいところは、金融資産の運用と違って、最後まで労働を通じて自分の身体感覚を持ちながら、自然の中でゆったりと人生を終えられる点にあります。その意味では、お金はあくまでも道具です。お金を使ってどんな世界を作っていきたいのか、あるいはお金をどう上手に使って過ごしていきたいのかを考え、それを実現していくことが大切なのです。だから道具であるお金を貯めるのに、あくせくしてはいけません。

お金を貯めて、どんな世界観を提案したいのか――それこそが農ＦＩＲＥで実現される豊かな生き方なのです。金融リテラシーだけで生きていくことは楽かもしれませんが、なんとも虚しい人生だと私は考えます。

▼農FIREで人脈ができる理由

ビジネスにおいて人脈が重要であることは今も昔も変わりありません。だから私はコミュニティ作りが大切だと強く申し上げているのです。

10年ぐらい前は、人脈作りのために高額セミナーに行くこともありました。高いセミナー料金を払って聴きに来る人は意識が高いと考えられていて、そのような人と交流できるのならと高額セミナーに参加していたのです。しかし名刺をいくら集めてもあまり人脈形成の役には立たないとみんながわかってきました。1，000人と名刺交換して、覚えている人はどれだけいますか、逆に自分を覚えてくれている人はどれだけいますか、そして仕事を発注してくれた人は何人ですか、あるいはあなたが発注した人は……ということです。

だから今は高額セミナーで人とつながるよりも、ハッカソンのような何らかの目的があって、成果物を一緒に作るといったことが人脈形成の場となっています。

ハッカソンとは、エンジニアやデザイナーなどが一定期間集中してソフトウェアやアイデアを開発するイベントです。参加者はチームを組み、テーマに基づいて開発を進め、その成果を競います。近年では多様なテーマのハッカソンがあり、様々な職種の人々が参加することで、新しい価値や技術を生み出す場として注目されています。

どういうことかと言えば、私たちの親の世代であれば、理屈はあまり知らないけれど、とにかく行動して結果を出そうという人たちがほとんどでした。それが我々の世代になると理屈はよく勉強しているけれど、頭でっかちで行動は二の次、失敗するのが怖くて、やらない理由を探しているといった人が増えてしまい、昔はあたりまえだった行動する人、チャレンジする人が逆に目立つようになってしまいました。そうなると自分も行動する人になりたいと思う人が出てくるし、人脈を作るなら行動する人とつながりたいと思うようにだんだんなってきたわけです。

行動している人が旗振りをして人を集めて、集まってきた人の行動を促す。そうして行動する人同士がつながっていくわけです。

なぜ行動する人が旗振りをすると人が集まるのかと言えば、行動する人は先ほども言いましたように目立ちますし、それ以上に何だか面白いのです。わけのわからないことを言っていたとしても、どこか魅力的なのです。それに惹かれるということは、その人も同じような方向性を持つ人ということで、方向性の同じ人が集まるようになります。方向性は同じですが多士済々で、「じゃあ、あなたはこれをやってよ」「そちらはあれをやってよ」ということでコミュニティの絆が強化されていくのです。誰だって出番があるのは嬉しいですし、自分の能力・才能が認められるのも嬉しいですから。

その点、農業のいいところは第4章に書いた通り、「お年寄りから子どもまで全員が参加できる瞬間がある」ことです。誰にでも何かの役割を振ることができるんです。これが後述する「M&Aを仲間でやる」ということだと、参加できる人は限られてきますが、農業なら誰にでも来てもらえます。

さらに農FIREのコミュニティの特徴として、自分の生存確率を高めてくれるということがあります。それを第4章では、「セーフティーネット」と言いました。出番が与えられることで自分の存在意義が拡張されて、生存確率も高まるのですから、こんなに良い場所は他にないでしょう。

自己投資も自分を拡張してくれることですが、農FIREのコミュニティに参加することにも同じ効果があると言えます。

▼発信力も大切

いわゆるWeb2.0で画期的だったことは、ブログやSNS、あるいはYouTubeといった、一般の人間が世界に向かって、手軽に低コスト（ほとんど無料）で発信できる場ができたことです。それも写真や動画付きでです。

Web2.0の時代が始まったのは2000年前後と言われます。日本では2ちゃんねるが開設されたのが1999年で、この頃から一部のマニアだけではなく、一般の人がWeb上で発言するようになり、個人のホームページを開設する人も増えてきました。

しかし、個人の発信が加速的に増えたのは、ブログが普及してからでしょう。日本では2001年に開設された楽天広場（のちの楽天ブログ）がブームの火付け役で、2004年にはアメーバブログが開設され、芸能人もどんどんブログを始めるようになりました。

ブログに続いてはSNSが登場し、日本では2004年に開設されたmixiがブームの先駆けになりました。その後X（旧Twitter）やFacebookなどが次々と上陸し、スマホが普及するにつれてこれらのSNSが定着していったわけです。

Ｗｅｂ２・０の何がすごかったかと言えば、前述した通り誰でも世界に向けて発信できるようになったことですが、それだけではありません。誰もが世界中の人に向けてモノを売ることが可能になりましたし、さらに誰もが世界中の人に向けて広告宣伝が打てるようになったのです。

これにより独立起業のハードルは思い切り下がりました。ほんの25年前であれば、独立起業しようと思ったら、最低でも１０００万円ぐらいの資本金を用意し、しっかりしたビジネスプランを作って銀行に融資を申し込みに行き、何度も断られてようやく資金調達をし、販路等も一から構築し——といった感じで、なかなか常人にできることではないという印象がありました。**それが今では、ほとんど貯金がない小学生でもアイデアがあれば起業が可能になりました。これがＷｅｂ２・０の最大の効用、恩恵だったと言えます。**

これらの発信プラットフォームはＷｅｂ３・０の時代が来たとしても、進化しつつ残り続けるでしょう。であれば利用しない手はありませんし、Ｗｅｂ３・０とＤＡＯの時代になったとしても、発信力の重要性は変わらない、むしろますます大きくなるように思います。

動画を作るのもいいですが、まずはＳＮＳやブログをもっと活用しましょう。写真が上手であれば、それだけでかなりのアドバンテージになります。あなたが苦手なら上手な人にコミュニティに加わってもらえばいいのです。そしてFacebookページでもブログでもX（旧Twitter）でもいいので、写真付きでコミュニティのリアルな様子を発信していきましょう。コンテンツに困ることはありません。シナリオのないドラマのようなもので、そこで恋愛があったり、ハプニングがあったり、新しい命が生まれたり、ペットが予想もつかないことをしてくれたり、とにかく面白いことを発信することができます。

しかも自然があって、たき火をしたり、キャンプをしたり、民家を直したり、野菜や果物を収穫したり、といった人間の本能が喜ぶような写真をたくさん撮ることができます。それが人を呼ぶのです。

あと、これも第4章で「年中行事化するといい」と述べましたように、農事を決めて、いついつにやりますよと発信します。そのときにも前回の写真を載せるのです。私たちの拠点は都心から90分～120分ぐらいのところにあるわけですから、それなら行きたいなと思う人たちも多いはずです。そして年中行事であること、すなわち年1回その期間にしかやらないという限定性が、その人たちの背中を押すことになるのです。

▼本気であれば何でもいい

発信というと身構える人も多いかもしれません。中にはX（旧Twitter）やnoteなどで発信しているけれどまったくバズらないので、自分には発信力がないと思い込んでいる人もいることでしょう。

しかしあまり身構える必要もないですし、あきらめる必要もありません。それよりも自分の好きなことを本気で発信すればいいと思います。

虫やナマズが大好きで、それをただ撮影してYouTubeに流しているだけの男の子がいます。編集なんかも雑で、いわゆるコミュ障かなとも思うのですが、続けているうちにファンがついて、けっこうな数の人がチャンネル登録しているのです。中には、「私もやってみたいのですが……」などとコメントをする人もいます。コミュ障気味なのは想定済みですから、いざ会うとしても楽なのです。

この少年の場合はコミュニティができるところまでは難しいかもしれませんが、我々の場合は人となりをさらして、自分が本気でやっていることを嬉しそうに流せば、やりたい人が集まってくる可能性は十分あります。人となりを先に知ってから来てくれるので、付き合うのもかなり楽だと思います。

まず発信する、そして始めたら続けることが肝心です。続けていると批判的な意見ももらうでしょうが、「もっとこうしたらどう？」という建設的な意見ももらえるようになります。それでコンテンツが磨かれていきます。日本語だったら日本人しか見ないかもしれませんが、それでも日本中に発信されるわけですから、ちょっと昔なら考えられもしなかった地域の人とつながることだって可能になったわけです。これはすごいことです。本当に様々なバックボーンを持った人と即座につながれるということなのですから。もちろん世界の人とつながることだって可能なわけです。

ネット社会、オンライン社会になって質感・量感があるモノが求められている、それがコロナ禍で加速しました。それと同じく「本気の言葉」が求められている実感があります。情報が玉石混交になっていて、何が正しいかを見極めるのにコストがかかる時代です。そんな中で「本気の言葉」の持つ信頼感は貴重です。**ぐるなびの口コミよりも、友人の熱のこもった推薦のほうが飲食店選びの参考になりませんか。そういうことです。**

あとポイントとしては、ビジュアルはきれいなほうがいいです。インスタ映えと言いますが、今の若い人は、言い方は悪いですが、ホンモノを知りません。だから見た目に惹かれます。しかし最初はそれでいいと思います。見た目で引き寄せて、ホンモノをしっかりと教えてあげれば、やはりホンモノを求めるようになります。感性は優れているので、入口は入りやすいものにして、それからレベルの高いものに誘導していけばいいのです。

その意味では、コンテンツが高尚すぎないことも大切です。同じ立ち位置では魅力がありませんが、2歩も3歩も先に行っていたら、それはそれで近寄りにくくなりますし、何より理解してもらえません。0・1歩ぐらい先に行っている感じがちょうどいいと思います。とにかく入口は魅力的で入りやすいことがポイントです。

少しずつでも何かができるようになることは、自由が広がるということなんですね。選択肢が増えて世界が広がるということでもあり、そうなると何がいいかと言うと、先ほども述べたように、それまでの悩みがどうでもよくなるわけです。これは癒やしです。癒やされたい人は多くて、だからカルト宗教のようなものに騙される人も後を絶たないのです。それならば、いっそ私たちのコミュニティに参加してもらうほうが、人助けにもなると思いませんか。

▼モノがあるとつながりやすい

第4章で「モノを通してコトを提供することでコミュニティが強化される」と述べました。コミュニティも一種の人脈ですが、人脈一般を作る際にもモノがあるともっと人とつながりやすいと言えます。

たとえばクラウドファンディング。CAMPFIREやMakuakeが有名です。「ファンディング」と言う通り、元々は資金調達の場でしたが、最近は「応援購入」という形が一般的になってきました。投資や寄付でお金を集めるのはなかなか難しいというかプレゼンテーション能力が必要ですが、高機能だったり高品質だったりするモノがあって、それらをコスパよく買えるのであれば、飛びつく人は多いのです。コロナ禍でのオンライン社会で質感や重みのあるモノを見たい、触りたいという欲求が高まっていることもありますし、実体があるから信頼度が高いということもあります。

だから、応用例になりますが、たとえば「みんなで奈良の大仏を見に行こう」といったことでも人を集めることは可能だと思います。もうちょっとアイデアは欲しいところですが、質感・重量があることとある種の世界観が共有されそうなことなどから、奈良の大仏などは最高の素材です。言葉を超越した次元で人を集めることが、人脈作りの成功要因ではないかと思うのです。

その意味では、視覚、聴覚、触覚だけでなく、嗅覚と味覚、すなわち五感全部に訴えることのできる食べ物、特に果物などは人を集めるための最終兵器になるかもしれません。

▼世界観が一般の人を集める

世界観という言葉が出てきましたが、いま世界観の共有によるビジネスで世界一成功しているのが、イーロン・マスクではないでしょうか。テスラのミッションは、「世界の持続可能なエネルギーへの移行を加速させること」です。EVを作っているのは車を売ることではなく、このミッション実現の一環というわけです。さらに自社の特許をすべてオープンソースにしました。その理由もミッションが達成されるのであれば、テスラの特許技術を使って、他社もどんどんEVを作ってほしいということなのです。

実はプロの投資家の間では、テスラやマスクの評価はそれほど高くありません。ということは一般の人たちのお金が集まっているということです。それはやはりテスラのミッションからもわかる、マスクのわかりやすい世界観が一般の人の支持を集めているということなのです。

Appleも世界観がわかりやすい企業です。そしてテスラと同じくモノを売っています。Appleはミッションやビジョンを明示していません。製品自体がAppleの世界観を物語っています。iPhoneでもMacBookでも何でもいいのですが、Apple製品を手に取ってみれば、ハイセンス、使いやすさ、美しさ、シンプルさ等々、Appleが大切にしているものがすぐに伝わってきます。スティーブ・ジョブズが亡くなった後、Appleは駄目になるのではないかと言われた時期もありましたが、製品に世界観が受け継がれたことで、今も多くのファンに支えられ、世界の時価総額トップ企業として何年も君臨しています。

宗教もモノに支えられている一面があります。先ほど奈良の大仏を例にとりましたが、お寺は仏像があるからこそ信徒が集まったのでしょう。偶像崇拝禁止の一神教でも教会やモスクといった荘厳な建築物が人を集めたに違いありません。どんな街中でも、教会に一歩足を踏み入れれば、そこはキリスト教やイスラム教の世界観で満たされています。

モノによる世界観は最強の集客装置と言えるのではないでしょうか。

▼行くのが大変な場所に小さな店舗を出す長野の「わざわざ」の狙いとは？

直販とネット通販の両輪でやる場合、店舗は小さくてかまいません。むしろ小さくすることで世界観を作り上げている事例もあります。

長野に「わざわざ」という店があります。小さい店舗に「こんなセレクトをしています」「こんな志向性でやっています」というのがよくわかる写真をホームページに載せています。店では自分たちで焼いたパンとその他の日用品や食品を販売して、3億円ぐらいの年商があります。現在ではもっと販売していると思います。ただし、直販の売上はそこまでないと思います。

「わざわざ」の経営者は、元々ウェブデザイナーをやっていた人で、見せ方がとても上手です。SNSも戦略的に、期間を決めて配信しています。だからネットだけでも売れるかもしれません。しかし実店舗があって、そこで上手に世界観を見せているからこそ大きな売上につながっているので、両方やるのがやはりいいのです。

あと「わざわざ」のいいところはOODA的にビジネスを進めているところです。日用品の販売をする際にも、いいなと思った商品を少量仕入れてみて、「私たちが大切に選んだ商品です」といった感じでホームページに載せるのです。そこで売れ行きが良ければ、PB化して、自社商品として売っていきます。

そして、これはファーストステージでは真似しないほうがいいのですが、「わざわざ」は行くのにとても苦労するような場所に店を構えています。電車では行けません。自動車で相当高いところまで登っていかないとたどり着けません。だから実物を見て買う人はあまりいません。ホームページ上に作られた世界観に都会で浸りたいという人が顧客のほとんどです。しかしその世界観を作るためには、不便な場所にある小さな店舗がどうしても必要なのです。小さい実店舗でもこのように、地方からでもやっていけるモデルがどんどん出ています。

▼農FIRE成功のための5つの鉄則

事業を始めた当初は、それ自体ワクワクすることでもあるし、また早く結果を出したいと焦る気持ちもあって、無理をしがちです。また事業が軌道に乗ってきたらきたで、今度はもっといけると思って、そこでも無理をしがちです。しかしあなたは何のために農ＦＩＲＥを始めようと思ったのでしょうか。

好きなことだけをして生きていきたい、人から仕事を押しつけられたくない、好きな人とだけ付き合いたい、お金に不自由したくない、将来の不安から免れたい、自然に囲まれた心地よい場所で暮らしたい、おいしく安全な食べ物を確保したい、健康で長生きしたい、人の役にも立ちたい――そんな気持ちからだったのではないでしょうか。

だとしたら無理をして体を壊し、それがもとで命を失うようなことがあってはまったく意味がありません。焦りは禁物です。じっくり気長にマイペースでやればいいのです。株の売買や先物取引のような一瞬の油断ですべてを失うようなことを勧めているわけではありません。

そこで以下の5つは、あなたがどのステージにいても必ず守ってほしいのです。特にファーストステージでは絶対に守ってください。最初に癖をつけておけば、一生習慣化されるはずです。

①健康を害してまでお金を集めない。死ねば終わり。

②お金の勝負はしない。大金をはたいても、それに見合ったリターンは保証されない。

③ポートフォリオを組んで、分配率を守った投資を行う。どこかに偏ってはいけない。

④誰かに人生を預けない。自分の人生は最後まで自分でコントロールする。老後も自分で立って自分の人生をまっとうできる仕組みを作る。

⑤感情に振り回されない。論理的に分析をしよう。

セカンドステージ以降の私の歩み

▼まずぶどうが作れるようになった

本章で書いてきたこと――収入を増やし、資産を形成する――の一例として、私のセカンドステージ以降の歩みを紹介します。

写真は私の拠点の風景です。今は拠点も複数ありますが、ファーストステージのステップ1～8をこちらで実施しました。

セカンドステージでまずチャレンジしたことは、ぶどう作りができるようになることでした。

©Toru Hiraiwa

農場風景

ぶどうは着色不良や病害が起きやすいので、初心者向けではないと言われています。丁寧な世話が必要なんですね。第4章にも書いたように「シャインマスカットだと3年は収益がない」のです。つまり準備が必要ということです。しかし高く売れる品種が多く、収益性がとても高いのです。幸いなことに「ぶどう栽培」で検索すると、山のように情報が出てくるので、それらを参考にしながら人にも聞いて、まずは小さく始めました。

当初はお店で直接販売していました。直販だと安いので、飛ぶように売れました。それで生産量を増やして通信販売も始めました。

ツチと実農園の初期

ぶどう農園の顧客数

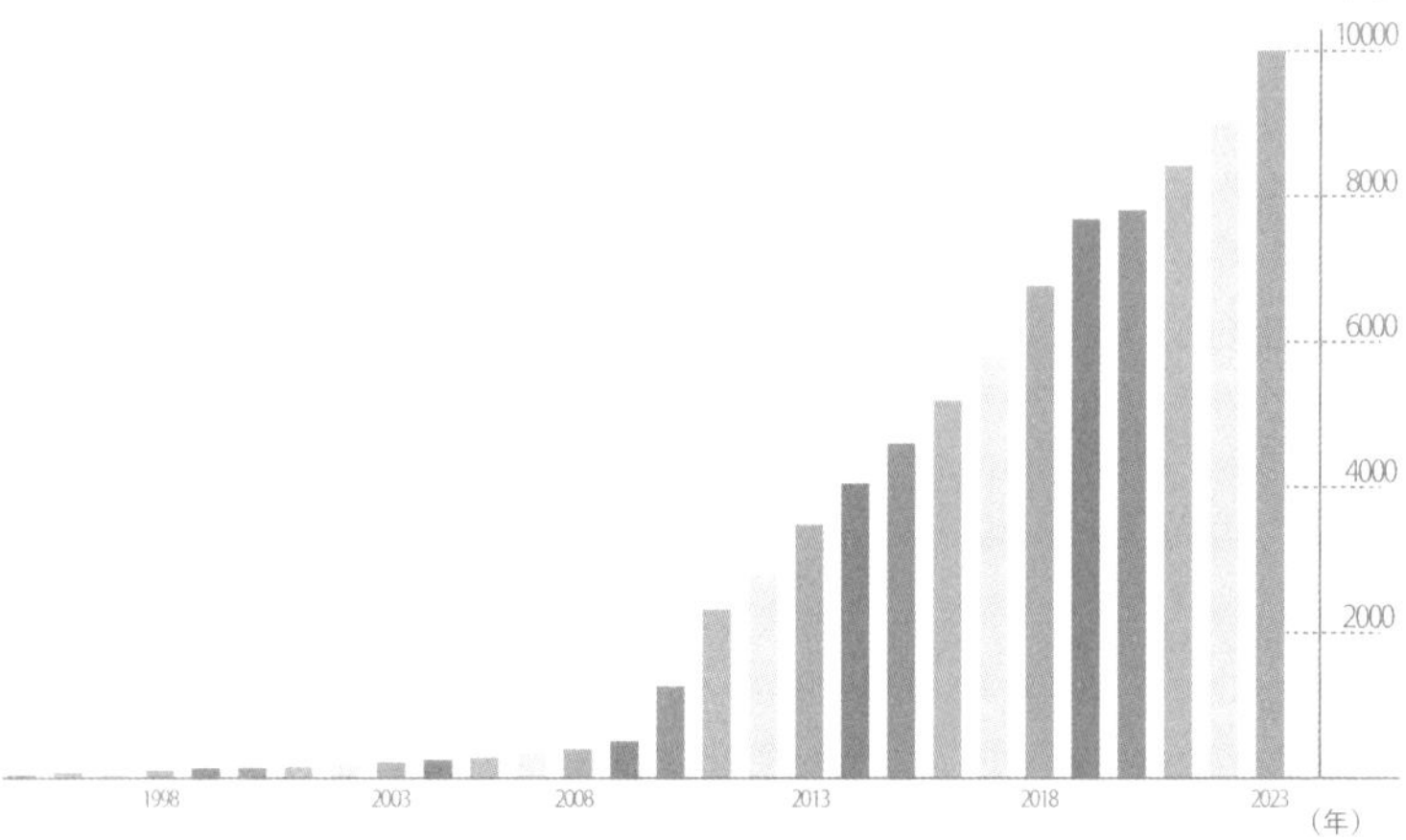

上のグラフは、ぶどう農園の顧客数の推移を表したものです。右肩上がりに増えています。

顧客は1万人を超え、リピーター率は7割を超えています。

朝7時から並んで農園のオープンを待っていただいているお客様

完熟屋

▼利益は次の事業に投資

その利益で、今度は農場から30分圏内にある古民家を買い、完熟屋というほうとうを出す飲食店に改装しました。

古民家の改装風景

利益で購入して改装したアパート

利益が出たところで他にも店舗を出したり、アパートを買い取って改装した上で貸したりして、事業ポートフォリオを少しずつ広げていきながら、事業全体を拡大していきました。

一種の多角経営ですが、大切なことは闇雲に事業を広げないということです。古い建築物を買って、それを自分たちで改装して、そこで自分たちが作ったものを中心に販売するという共通するフォーマットがあって、必ずそれに則って進めていくことが肝心です。

最近になって建設業を始めたのですが、それも今までの事業とつながっていますし、何よりも農業と相性がいいのです。

▼サードステージになるとM&Aも

ここまでを振り返ると、育てやすいけれども収益性の低い作物を栽培して、それを加工し、店舗と通販で販売するのがファーストステージでした。そこから、もっと収益性の高い作物を栽培して利益を増やし、その利益で経営を多角化していくのがセカンドステージだと言えます。

サードステージになると、今度は銀行から声がかかってくるようになります。これは実は、私が農学校をしていて、そこで地銀の方とつながりができたからなのですが、いずれにしてもファーストステージの段階で銀行から提案があることは、まずあり得ないと思います。

具体的には、銀行が融資している農業法人があったのですが、どうも事業承継ができないという状況に陥ったのです。そうなると銀行としては貸付金の回収ができないので、「水上さん、いい農園があるんだけど、買いませんか？」と声をかけてきたわけです。要するに「事業承継のためにM&Aをしてくれないか」という話です。

物件はぶどう園とのことで、ぶどう事業を広げたかった私にとっては渡りに船です。決算書を全部見て、デューデリジェンス（投資対象となる企業や投資先の価値やリスクなどを調査すること）も全部やりました。私も決算書は読めるのですが、デューデリジェンスとなると素人だけでは難しいので、仲間に手伝ってもらいました。もちろん弁護士や税理士といった外部の専門家にもお願いするわけですが、本格的に会社経営に携わった人間でないとわからない落とし穴もあるんですね。私の知り合いの経営者が会社状況を、細かくチェックしてくれたのです。

M&Aで手に入れた古いぶどう園を改装

事業拡大において、M&Aというのは時間を買うことだとよく言われます。まさにその通りで、事業を早く拡大したいのであればM&Aは最も有効な手段です。また地方では農家を継ぐ人がいなくて、農業が縮小していく傾向があるので、そういう社会問題に歯止めをかけるといった社会貢献にもつながります。

とは言うものの、M&Aでどんどん事業を拡大していくことがいいのでしょうか。規模の拡大に囚われると、もっと大きな法人を作って、人も多く雇っていく必要が出てくるでしょう。ですがそれはプロの事業家の世界で、それを目指すのも一つの生き方ですが、農FIREの目的からは逸脱してしまうように思います。特に好きな仕事だけをして生きていくとか、好きな人とだけ付き合うというのは難しくなるはずです。

自分の経験からちょっと生意気なことを言わせてもらえば、事業を大きくしていくことはそれほど難しいことではありません。もちろん苦労も多いし、学ぶべきこともたくさんあるのですが、本書に書いたことを素直に実践すれば、規模は違ってもほとんどの人が成功できると考えています。逆に言えば、失敗しても、もう一度やり直せる範囲で投資を行い、何度でもチャレンジすることができるようにします。

株式投資に「フルポジション」「フルインベストメント」という言葉がありますが、全財産を株に投資してしまっては、本当にチャンスが来たときに新たに買えず、株が暴落したときも身動きが取れない状態になります。現実社会でもすべてにお金を1点に投資するのではなく、何度でもやり直せる範囲で初めはスタートすべきなのです。お金があるから成功するという図式ではないのです。農FIREでは工夫とお金を使わない成長率を重視してください。お金を使わない理由は、「何度でもやり直せる」ようにするためです。

おわりに

▼人生100年時代、どう生きる?

「人生100年時代」と言われて久しくなりました。国立社会保障・人口問題研究所の推計では、2060年には日本女性の平均寿命が90・93歳、男性が84・19歳に達するといいます。これは平均寿命ですから、2060年には100歳を超える人が珍しくなくなるということです。ちなみに私は2060年にはまだ82歳ですから、その後も平均寿命が延びるのなら、本当に100歳以上まで生きる確率は高いように思います。

かつては多くの企業で55歳が定年でしたが、1994年の改正高年齢者雇用安定法で60歳未満の定年が原則禁止になり、60歳定年制が主流になりました。2025年4月からは65歳に延長されることになっています。このように定年も少しずつ延長されていますし、再雇用を実施する企業も増えています。

平均寿命の推移と将来推計

- 平均寿命（2010 年）は男性 79.64 年、女性 86.39 年
- 2025 年には女性の平均寿命が 90 年を超える見通し

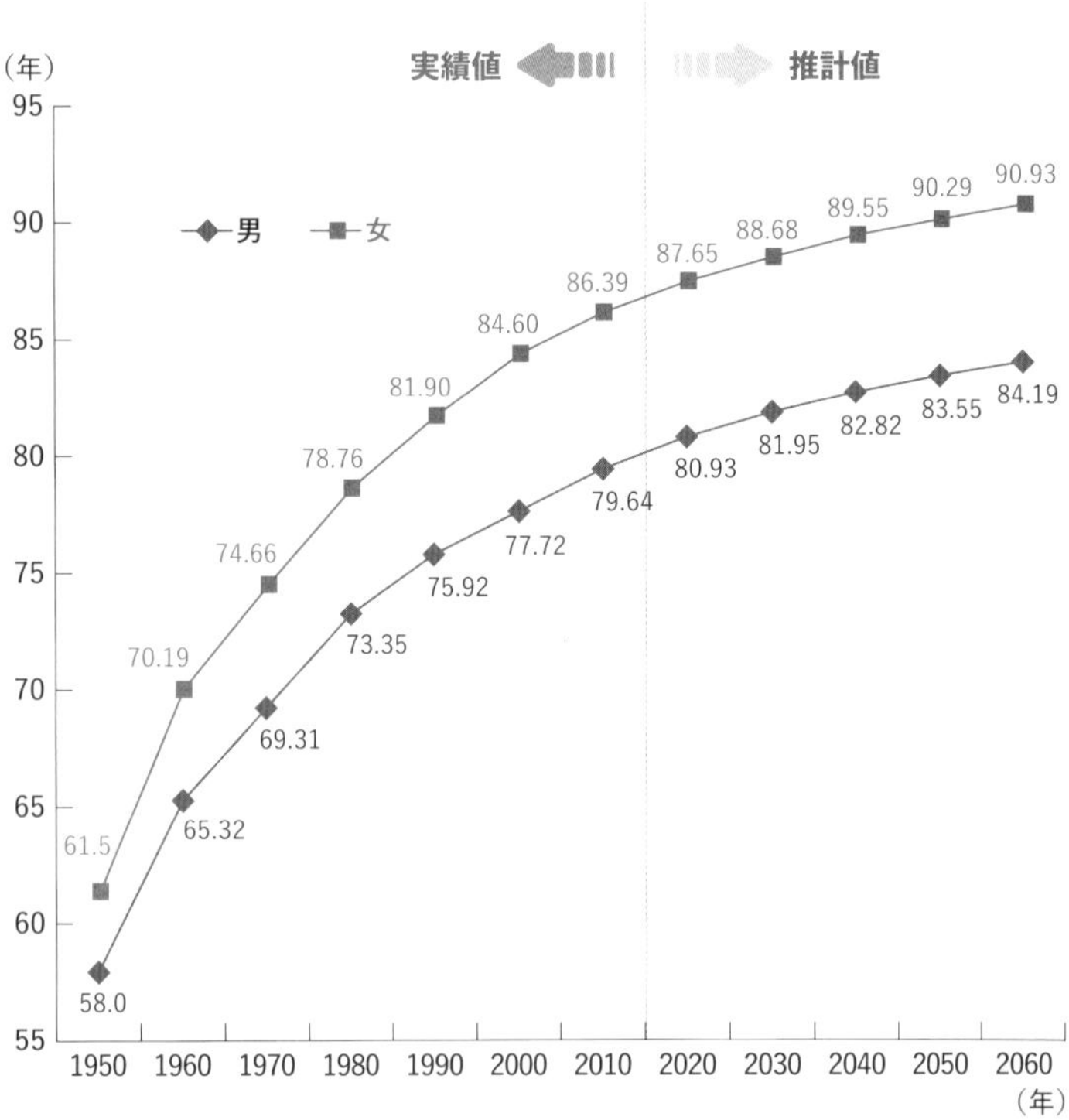

資料：1950 年および 2010 年は厚生労働省「簡易生命表」、1960 年から 2000 年までは厚生労働省「完全生命表」、2020 年以降は、国立社会保障・人口問題研究所「日本の将来推計人口（平成 24 年1月推計）」の出生中位・死亡中位仮定による推計結果

（注）1970 年以前は沖縄県を除く値である。0歳の平均余命が「平均寿命」である。

出典：https://www8.cao.go.jp/kourei/kou-kei/24forum/pdf/tokyo-s3-2.pdf

ところで、定年制が採用され始めたのがいつかご存知でしょうか。最古の記録では東京砲兵工廠の1887年で55歳定年制でした。民間企業では1902年の日本郵船でこれも55歳です。日本人男性の平均寿命が50歳を超えるのは戦後のことですので、当時は本当の意味で「終身雇用」だったのです。年金も制度ができた当初は55歳から支給されましたが、1954年から段階的に60歳に引き上げられました。**要するに定年制も年金制度もできた当初は、生きているうちに定年を迎えたり、年金が支給されたりする人は少なかったのです。**

ところが定年が65歳で100歳まで生きたとしたら、現時点では65歳からが年金支給開始なので、何も収入がなければ35年間年金だけで暮らすことになります。ただ年金支給開始年齢はおそらく徐々に引き上げられていくでしょうし、少子化で原資が減る一方ですから、よほど年金の資産運用がうまくいかない限り、受給額が減っていくのは火を見るより明らかです。

要するに、以前のように定年まで同じ会社で働くという「一つのキャリア」では人生を支えられない人が、これから大量に出てくるということなのです。

このようなことは実はかなり前から言われてきたことで、日本では1997年に子どもの数が高齢者よりも少なくなり、その少し前ぐらいから少子化がずっと問題視されていたのでした。

法政大学に日本初の「キャリアデザイン学部」が設立されたのは、2003年4月のことです。〝「自己のキャリアを自らデザインすることのできる自律的／自立的人材」であると同時に「他者のキャリアのデザインや再デザインに関与しつつ、その支援を幅広く行うことのできる専門的人材」を養成する〟（同学部ホームページ「理念・目的」より）ことが設立目的とされています。その後「キャリアデザイン学」を学べる大学・専門学校が続々と増えていて、「マイナビ進学」のサイトで検索したところ大学・短大だけで129件がヒットしました。

人生100年時代にどのようにキャリアを積んでいけばいいのか、また長い老後にどう備え、どう暮らすのがいいのかが、世の人の強い関心を集めている証左と言っていいのではないでしょうか。

私は現在44歳ですが、30代に入ったころから、10代、20代の体力をだんだん維持できなくなってきました。これからますます減退していくでしょうし、60歳以降には今のような働き方をそのまま続けるのは大変だと予想できます。運動や摂生でできる限り健康で自分の足腰で動ける期間を長くすることはもちろん考えていますが、今の体力がずっと続くという前提でライフプランを考えるのはいささか甘いとも思います。

そうやって体力も知力も衰えていくことはある程度予測できますが、一方で社会情勢は年々予測不能になっています。ＶＵＣＡの時代と言われ、明日がどんな日になるかもわからない時代です。コロナ禍はぜんぜん予想できませんでしたし、ロシアのウクライナ侵攻はいつかあるかもしれないと言われながらも、あんなに唐突に始まり泥沼化するとは想像できませんでした。安倍元総理の暗殺は今の日本であんなことが起こるとは思ってもみませんでした。

少し先のこともまったくわからない時代です。不確実な要素のあることを予想してもあまり意味がありません。**しかし変わらないこともあります。人間、まず衣食住が伴わないと何もできません。これは変わりません。いくらＶＵＣＡの時代とはいえ、みんなが明日から裸で何も食べずに外で暮らし始めるということはありえないことです。だから何が起ころうとこの３つを確保することを考えなければいけません。**

円安も落ち着くという予想がありますが、それもわかりません。急激な円安がきたっておかしくはないのです。しかし本書で再三述べてきたように、お金のコスパだったり、国のコスパだったりが下がっていくことはおそらく間違いありません。

　少子高齢化のトレンドが続き、労働人口が不足していけば、人件費は高騰しますから、人件費の積み重ねである物価も高騰し、お金の価値は下がらざるを得ません。国の公共サービスも結局は人が担っているのですから、いくらＡＩが発達したとしても、人が減れば品質が下がるし、規模も縮小せざるを得ません。

　労働者が減少すれば、日常生活すらままならない状況が起こります。ゴミ回収や、道路工事、介護の人材がいなくなり、その仕事を公務員が担うことになると思いますが、その仕事をやりたい人が公務員になるとは考えにくく、人材を集めるためにも税金は今後もいろいろと増えていくでしょうけれど、公共サービスは質・量とも下がっていく、つまり高い税金に見合わないコスパの低いものになるのは確実なのです。

　以上が確実なことだとしたら、まずやるべきことは支出をできるだけ減らす生活スタイルにすることです。それは貧しい暮らしをするということではなく、衣食住に関して、自分でできることは自分でするということです。

　農業をして自分が食べる野菜や果物、お米などを自分で作る。着るものなどもできるだけ自分で作る。住居も地方の安い家を購入して自分でリノベーションする。エネルギーも

自宅分はできるだけ再生可能エネルギーで賄う——といった生活をしましょうということです。サブスクのような、気づいたらお金がなくなっているようなモノの購入の仕方をできるだけ避けることも肝心です。

▼ノーリスク・ハイリターンな投資が自己投資

支出を減らして浮いたお金は、投資に回すことで増やしましょう。投資には金融投資もありますが、それについてはリスクが小さいものや、自分が好きな会社の株を中心にポートフォリオを組むようにしましょう。

もっとお勧めなのが自己投資です。本を読んだり、研修に参加したり、実地でスキルを学んだり、良い道具を買ったりして、衣食住に関するリテラシーを高めましょう。お金を払わなくてもYouTubeなどから無料で学べることもたくさんあります。そういうことに時間を使うのも自己投資です。自己投資で身につけたリテラシーはビジネスにも役立つものであり、少ない投資で大きな収益を生むことにつながります。

一般的なＦＩＲＥで言われるように、年間支出の25倍に当たる資産を年率４％で回していきましょうというのでは、追いつきません。そもそも定年までに年間支出の25倍のお金を貯められる人も少ないでしょう。それで年率4％で回していっても、確かに元金は減りません。しかし長い目で見たらお金の価値はどんどん下がっていくわけですから、実質的な価値は目減りする一方なのです。

　だから4％などと言わず、年率10％、15％でないと追いつかないわけですが、10％を超えるとリスクが大きくなり、すべての資産を一瞬で失うことだって想定のうちに入れておかなければなりません。

　ところが自己投資の利回りは4％どころではありません。前にも書きましたが、私はマキタの工具で1億円以上稼ぎましたし、数千円の本から得た知識で数千万円稼いだこともあります。これまで本を1000万円以上買っていますが、そこから数億円は稼いでいる計算になります。4％どころか何十倍、何百倍にもなって返ってきて、しかもリスクはないのが自己投資なのです。

　そればかりではありません。自己投資は人生を豊かにしてくれます。知識もスキルも増えますし、考えることのレベルもアップします。**自己投資している人間の周りには、同じく自己投資している人間が集まりますから、人脈の質がとても高くなります。**

▼お金では買えないものに価値がある

ここまでお金の話を中心にしてきましたが、第1章の初めのほうで富裕層が本当に欲しいものが何かについてお話ししました。覚えているでしょうか。

それは「お金では買えないもの」でした。一例としてアートと名誉を挙げましたが、人の気持ちもお金では買えないものかもしれません。「金で買えないものはない」と言う人もいますが、たとえば美術品を大枚はたいて買ってそれで貧乏になったとしても、売らない限りは所有できます。しかしお金で買った人の歓心は、お金がなくなったら消えてしまうのではないでしょうか。

お金持ちほど、お金で買えないものがあることを知っており、それを欲しがるものなのです。だから多くのお金持ちが週末はリトリート施設で暮らすといった生活を好むのだと言えます。

お金の価値が下がっていくと、お金では買えないサービスや解決できないことが増えていきます。高齢者が増えて若い人が減っていくということは、医療従事者も介護従事者も物理的に足りなくなるということです。お金を払ってもなかなか医療も介護も受けられなくなります。健康や老後もお金で買えないものになるかもしれません。少なくともお金に頼って、それらをお金で買おうと考えるのは危険な考えです。

健康も豊かな老後も自力で手に入れられる部分が大きいのです。そしてその部分に関しては、運動や摂生であったり、自分で作った安全な食品であったり、死ぬまでお金を生む仕組みであったり、お金では買えないものが中心なのです。

お金では買えないものにこそ価値があるという考えも、実は多くの人が既に気づいていることであり、だからこそ第1章で紹介したロシアのダーチャが日本でも注目されていると言えるでしょう。試しにブラウザを開いて、「ダーチャ」で検索してみてください。数多くの記事、それも最近のものが並んでいます。日本から比較的近いウラジオストクの郊外にもダーチャがあり、日本人にとっても身近なものとして捉えられているようです。YouTube でそのウラジオストクのダーチャが紹介されていますが（https://www.youtube.com/watch?v=mX1wDBTU28o）、第2章で紹介した「百姓（ヒャクセイ）」の世界が展開されています。お金も電気も使わず、自分の頭と体で何かできることをする。そのためには、農民にも大工にも電気屋にも水道屋にもなれる「百姓」であることが求められます。そしてみんな自分が「百姓」であることを誇りに思い、また楽しんでもいるのです。

ダーチャがあれば、経済危機も自分の力で乗り越えることができます。戦争ともなればお金で解決できない問題が山積みになるので、元々は無償で配られていたダーチャの売買が、ウクライナ紛争を契機に増えています。それでも高いものでも、日本円で190万円もあれば買えるようです。

戦争が長引いてロシアが攻撃を受けるようになれば、ダーチャさえなくなるのではないかと懸念するロシア人もいるようですが、逆にダーチャさえあれば何とかなるとロシア人は思っているとも言えます。

一つだけ確かに言えることは、どの動画でもダーチャに集まるロシア人がみんな楽しそうで生き生きしていることです。セーフティーネットがある安心感も大きいのでしょうが、そこに本当の意味での豊かな暮らしがあるからではないでしょうか。

▼あなたにとって本当に幸せな人生とは

お金があれば何でも手に入る、都会に住んでいれば便利さ快適さが享受できる——といった現在もまだ主流の考え方・価値観はこの10年ぐらいで修正を迫られるのではないでしょうか。少なくとも巨大地震のリスクを考えると東京に住むことが安心とはとても思えません。富士山が噴火すれば、私の住む山梨県ももちろん危ないです。ただ都心に住んでいる人と私の大きな違いは、命さえ助かれば、違う地方に引っ越しても何とか生きていけるということです。それもカツカツの貧窮生活ではなく、お金が減ったとしてもそれなりに豊かに生きていける自信があるのです。

それはオリジナルの世界観や死生観があり、どう生きれば納得のいく人生になるかという考えがはっきりあるからです。さらにそのような人生を送るためのテクノロジーや道具の使い方、お金の稼ぎ方や使い方、学び方、仲間の作り方、そして衣食住のリテラシーとスキルも持っています。今ある財産・資産をほとんど失ったとしても、身一つあれば再起できる仕組みも持っています。

要するに死ぬ以外に怖いことがないのです。それどころかいつ死んでも安らかに死ねると思います。ただ闇雲にお金を稼いでいたとしたらこんな境地には至れなかったことでしょう。老後に不安のないだけの財産を築いても、その「老後」に何をしたらいいのか迷ってしまったことでしょう。

自己投資で自分自身をアップデートし続けながら、数々の楽しい思い出を作り、多くの仲間に囲まれてにっこり笑ってこの世から去っていく――そんな人生をあなたが実現することを祈りながら、筆をおきたいと思います。

謝辞

本書を完成させるにあたり、多くの方々の支えと愛に心から感謝申し上げます。

まず、私に多くのことを可能にしてくれた両親に深く感謝します。その背景で絶えずサポートしてくれたｈｏｔｏｔｏスタッフの皆様そして仲間、財務など陰で支援を続けてくださっている株式会社ゲイトの皆様に感謝の気持ちを込めて御礼申し上げます。

ニューヨークでの日々で私に多大な影響を与えてくれたtakeshi miyakawa、そのご恩は計り知れません。また、素晴らしいアプリケーションを提供し、事業を加速させてくれた株式会社スタディスト（Teachme Biz）の皆様への謝意を表明いたします。

大学での悩みを共有し、常にアドバイスをくださる杉山先生にも感謝の気持ちを伝えたいと思います。そしていつも自分の目標でもあるＮＩＣＫ近藤さんにも数々のアドバイスをいただき、地方ビジネスを加速させてくれたことを心より感謝申し上げます。

そして、何より、ツチと実ぶどう園＋完熟屋を長い間愛してくださるお客様への感謝の気持ちは言葉では表せません。

最後に、私の行動や活動をいつも受け入れ、応援してくれる最愛の妻と子供たちへの感謝を述べます。

皆様のおかげで、本書を完成させることができました。心より感謝申し上げます。

【著者紹介】

水上　篤（みずかみ・あつし）

◉――1978年、山梨県山梨市生まれ。

◉――大学を卒業し、C+A（Coelacanth and Associates）での勤務を経て、26歳でアメリカのニューヨークに渡る。現地でRafael Viñoly Architectsという著名な建築設計事務所での経験を積みつつ、2007年には自らのビジョンを追求するために自身の会社を立ち上げる。

◉――ニューヨークでの生活は自分自身の考え方や哲学に深い影響を与え、リトリートでのワーク・ライフ・バランスや人生の時間の使い方の大切さを再認識。お金だけでは幸せになれないと気づき、ヒントは生まれ故郷での「農業」にあると思い、日本へと帰国。帰国当初は、耕作放棄地などを少しずつ買い、いろいろな農作物を栽培するところから始める。そして、2009年にぶどう観光農園をリニューアルスタートさせ、更なる飛躍を目指して2010年に農業生産法人株式会社hototoを設立。

◉――関東で最大の週末農業スクールhototoもスタートさせ、卒業生は既に750名以上。無農薬野菜の育て方や加工品、そして建築の指導にも尽力し、多くの人々に健康で豊かな生活を提案している。その後も、2014年には郷土料理店「完熟屋」、2015年には子供たちの創造性を育む造形教室「きりんぐみ」をオープン。そして、2021年にはその多岐にわたる活動が認められ、山梨県立大学の特任教授に就任。

◉――現在、自分と同じように、経済的にも精神的にも自由な生活を手に入れることができる「農FIRE」を多くの人にも実現して欲しいという思いから「農FIREスクール」を開講している。

◉――その他に、日本テレビ、NHK、テレビ朝日、YBSテレビなどのメディア出演や、全国での講演、高校や市町村での授業も行っている。

詳しくは公式サイトへ
http://hototo.jp/

資金《しきん》300万円《まんえん》で農《のう》FIRE

2023年11月20日　第1刷発行
2024年 2月 6日　第2刷発行

著　者――水上　篤
発行者――齊藤　龍男
発行所――株式会社かんき出版
東京都千代田区麹町4-1-4 西脇ビル　〒102-0083
電話　営業部：03(3262)8011㈹　編集部：03(3262)8012㈹
FAX　03(3234)4421　　振替　00100-2-62304
https://kanki-pub.co.jp/

印刷所――ベクトル印刷株式会社

　ISBN978-4-7612-7702-4 C0030